# 無料で始めるネットショップ

志鎌真奈美

Manami Shikama

Get started for free
online shop

OPEN

BASE
対応版

技術評論社

# Contents

## 第2章 ネットショップの準備 〜何が必要？ コレだけ決めればひと安心！

# contents

## 第3章 ネットショップの作り方 ～8のステップでこんなにかんたん！

# 第4章 ネットショップの運営
## ～ご心配なく！やるべきことはたったコレだけ

# contents

第6章 便利な機能を使いこなそう
～慣れてきたらこんなことも！

# 第 1 章

## ネットショップの基本
### 〜最低限コレだけは知っておこう！

この章では、ネットショップを始める前に知っておきたいことを解説します。ネットショップに必要な費用、ショップ作成の流れをはじめ、知っておくべき法律や税金の知識など、事前にポイントを押さえておきましょう。

# 01 ネットショップって どんなもの？

 インターネットを利用した商品やサービスの販売市場は、年々拡大し続けています。それにともない、個人や小さな会社がかんたんに商品を販売することのできるしくみも整ってきました。

 **インターネットでの販売が拡大し続けてきた20年**

　この本を手にとってくださった皆さんは、インターネットを使って商品を販売したいと考えていると思います。インターネットがなかった時代には、商品を販売するには大変なお金と手間、そして時間がかかっていました。商品を買うには、直接お店に行くしかなかった時代から、紙のカタログが流通し、FAXや電話で注文する通信販売が現れた時代。そして今、通信販売といえば「ネットショップ」が主流となっています。

　1995年頃から、大手メーカーや家電量販店がネット通販への参入を始めました。米国では「Amazon」が設立。1997年には「楽天市場」、1999年には「Yahoo!ショッピング」と「Yahoo!オークション」が登場しました。それから20年以上たった現在、インターネットで商品を購入することはもはや当たり前の時代になっています。

　インターネットでの販売が広がるにつれ、個人がインターネットを活用してものを売るしくみも整ってきました。個人で商品を販売したいと思った時に、一番最初に思いつくのはネットショップではないでしょうか。

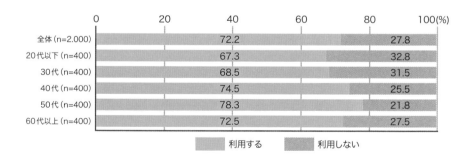

▲平成27年のデータでは、インターネットでのショッピング利用経験者の数は70%以上にものぼります。さらに、50代では80%近くが利用するという結果になっています
出典：総務省「インターネットショッピングの利用状況」

# ネットショップのしくみを知ろう

　ここで、少しだけネットショップのしくみについて触れておきたいと思います。下の図のように、ネットショップとは「売りたい人」と「買いたい人」をインターネットを介してつなぐためのしくみです。

　かつて、ネットショップを始めるのに、多くの費用がかかっていた時代もありました。しかし、現在ではインターネットで売るためのしくみがたくさん登場し、それほど費用をかけずにスタートできるようになっています。また、ITに苦手意識のある方でも大丈夫です。難しいプログラムをさわる必要もありませんし、最初の設定から販売開始まで、30分程度でできてしまうサービスもあります。

例えば

・愛着のある商品
・大好きで自分でも売ってみたいと思った商品
・海外から仕入れためずらしい商品
・世の中の役に立つオリジナルの商品

など、自分が売りたいと思う商品を、ネットショップを通じて一人でも多くの人に届けましょう。

# ネットショップには どんな種類がある？

ネットショップを運営したいと思ったとき、早い段階で考えておきたいのが「どのしくみを使うか」ということです。ここでは、ネットショップの機能を備えたサービスの種類について解説します。

## ネットショップの種類を覚えておこう

現在、ネットショップのしくみを提供しているサービスがいくつもあります。多くの費用がかかるものから、無料でオープンできるものまで、さまざまです。まずは、ネットショップにどのような種類があるのかを知っておきましょう。

### ● モール型

モール型は、楽天市場やAmazonに代表される、複数の店舗から構成されるネットショップです。百貨店や大きなショッピングモールに出店するようなイメージで契約し、各サービスが提供しているモール内にショップを開設します。

こうしたモール型のサービスは検索エンジンにも強く、購入者にとって利便性の高いものになっています。高機能で、集客力をアップするためのしくみがたくさん備わっていますが、次に解説する「ASP型」と比較すると、ランニングコストが高くなります。出店したい場合は、各サービスに資料請求し、担当者に話を聞いてみることをおすすめします。

### ・モール型サービス例

楽天市場、Amazon、Yahoo！ショッピング、ポンパレモールなど

### ランニングコストの目安：月額費用 19,500 円～

※ Yahoo！ショッピング、Amazon は月額無料で運営できるコースあり

## 🔍 ASP型

ASP (エーエスピー) とは「アプリケーションサービスプロバイダ」の略で、ここではネットショップのしくみがついたプログラムを提供しているサービスのことを指します。モール型がショッピングモールへの出店だとすると、ASP型は「独立した店舗をかまえる」イメージです。

あらかじめ用意されたしくみを借りてネットショップを作るので、低コストで導入することができます。月額費用が無料のサービスもあるので、はじめてネットショップを運営するような場合におすすめです。

・ASP型サービス例

BASE、STORES、カラーミーショップ、Makeshopなど

**ランニングコストの目安:月額費用0円〜/1,000 〜 10,000円**

※ただし、決済ごとに課金がある場合が多い

本書では、会社員の副業や個人の方、あるいは小規模の事業者が利用することを想定し、最初のステップとしては月々の費用を低く抑えられる「ASP型」をおすすめしています。

---

## Point 　個人どうしが取引できるしくみ〜 CtoC型

インターネットで販売できるしくみの中には、メルカリやヤフオクに代表されるようなCtoC型の販売サービスもあります。CtoCとはConsumer to Consumerの略で、「個人間取引」を意味します。CtoC型の市場規模は急速に拡大していますが、営業目的での使用は禁止されています。ネットショップ代わりに使用すると、規約違反として使用停止になることもあります。あくまでも、個人間の取引にのみ使えるサービスであることを覚えておきましょう。

# 03 ネットショップは無料でできる？

前ページでは無料で利用できるサービスもあると説明しましたが、無料なのはあくまでも利用料だけです。実際に運営するには、販売に応じた決済手数料などのコストが必要になります。

## ネットショップの運営に必要な費用

　無料でネットショップのサービスを利用できると聞くと、すべて0円で運営できると思うかもしれません。しかし無料をうたっているサービスでも、無料なのは月額費用だけです。商品が売れるごとに「販売手数料」や「サービス利用料」が必要になります。

　とはいえ、商品が売れた分だけ費用が発生するこれらのサービスは、「とりあえずネットショップを始めてみたい」という人にはぴったりです。ここでは必要な費用について、代表的なASP型のサービスであるBASEとSTORESを比較してみましょう。

### ・BASEの場合

月額費用は無料ですが、注文ごとに「BASEかんたん決済手数料」が3.6％＋40円と、サービス利用料3.0％が課されます。

### ・STORESの場合

月額費用が無料と有料の2つのコースがあります。無料コースは、決済ごとの手数料が5％、有料のコースは決済ごとの手数料が3.6％です。毎月コンスタントに販売がある場合は、有料コースの方がお得になります。

 でも…  決済手数料　サービス手数料　が必要になる

　このように、ランニングコストは無料・低価格で運営できるものの、実際には注文ごとに手数料が必要になります。また、月額の費用が安いほど、決済手数料が高めになる傾向があります。これらの販売手数料を差し引き、かつ次ページで紹介するそれ以外に必要になる費用も引いた上で、利益が出せるような販売価格を設定していきましょう。

# 商品を販売する上で必ず必要になる費用

ネットショップの月額費用や決済手数料以外で必要になる費用についても見てみましょう。ネットショップは、あくまでもインターネット上で決済が行われるというだけで、実店舗から物品を配送するのと、必要になる費用は変わりません。

・商品の仕入れ費用
・商品の製造費、材料費（オリジナル商品の場合）
・梱包資材費
・印刷費（納品書や顧客へのメッセージを印刷）
・配送費（宅配業者に依頼し、商品を配送してもらう）

これらの他にも、しっかりと販促をする場合には「広告費」が必要になります。紙のチラシやカタログを作る場合は、デザイン費や印刷費も必要になります。

必要な費用をすっかり忘れて価格を設定し、いざネットショップを始めてみたら「赤字だった」ということもあります。どのような費用が必要になるか、あらかじめ書き出しておくとよいでしょう。販売商品の料金設定方法はP.34、手数料についてはP.136でも解説していますので、参考にしてください。

---

**Point** 発送代行の依頼や倉庫のレンタルが必要になる？！

運営しているうちに人気ショップになったり、商品を大量に保管しておく場所が必要になったりした場合は、発送の代行を依頼したり、倉庫代が必要になる場合もあります。Amazonをはじめ、発送の代行や倉庫のレンタルをしてくれる業者はいくつもあります。また、BASEにも発送代行のサービスがあります。ショップの規模が拡大してきたら、こうしたサービスの利用も考えてみましょう。

# 04 ネットショップは どうやって作る？

ネットショップを作りたいと思っても、何から始めてよいかわからないという人もいるでしょう。ここでは、ネットショップを作成してから運営、集客を行うまでの流れを解説します。

## まずは販売する商品を準備しよう

　ネットショップを開店する上で、一番最初に考えなければならないのが、「何を売るか？」です。あらかじめ商品が決まっているのであればよいのですが、これから商品を決めるという人もいるでしょう。以下を参考に、検討してみてください。

### ・作る (オリジナル商品)

オリジナルの商品を作成して販売します。ハンドメイド商品をはじめ、個人で制作するものもあれば、工場に依頼して制作してもらうものもあります。売る側の裁量で販売価格を決められるので、利益率を高く設定することも可能です。オリジナル商品を1個から作成できるネットサービスとして、SUZURI、グッズラボ、canvathなどがあります。

### ・仕入れる (既製品)

あらかじめでき上がっている商品を仕入れて販売します。仕入れの料金が必ず必要になり、競合がある場合は価格競争にさらされることもあります。市場価格を見ながら、適切な料金設定をしていく必要があります。商品の仕入ができるネットサービスとして、卸問屋.com、SUPERDELIVERY、TopSeller、NETSEAなどがあります。

### ・その他

オリジナルの教材や作曲した音楽、イラストや写真などのデータについても、ネットショップで「ダウンロードデータ」として販売することができます。

　ジャンルによっては、販売するために許可や免許が必要になるもの、販売自体が禁止されているものもあります。詳しくはP.23、P.24、P.25で解説していますので、参考にしてください。

# ネットショップの4つのステップを知ろう

　販売する商品が決まったら、いよいよネットショップを始めましょう。ネットショップを始めるには、次の4つの段階があります。

```
ステップ❶ネットショップの準備
        ↓
ステップ❷ネットショップの作成
        ↓
ステップ❸ネットショップの運営    ステップ❹ネットショップへの集客
```

## 🍀 ステップ❶ネットショップの準備をしよう

　ネットショップを始めるにあたって、まずは次のような準備をしておきましょう。

- ・販売する商品を決める
- ・商品の価格を決める（仕入れ・製造原価やその他の費用を含めて決めます）
- ・配送方法や送料を決める
- ・ネットショップ用銀行口座を開設する
- ・商品写真や説明文を準備する
- ・運営者情報、住所、電話番号を用意する
- ・運営ルールを決める（返金・返品規定、クレーム対応など）

とはいえ、ここに挙げたすべてを準備しなくても、ネットショップの作成はできます。商品写真や説明文は後回しにしてもよいですし、ネットショップにいったん掲載した説明文や価格も、あとから変更できます。必要最低限の準備ができたら、次のステップに進みましょう。

## ステップ❷ネットショップを作成しよう

　ネットショップの準備ができたら、いよいよ作成です。ほとんどのASPでは、かんたんな操作でネットショップを作成できます。また、ネットショップに登録する内容のほとんどは、あとから変更できます。心配せずに、まずはどんどん進めてください。

どこのASPと契約するかを決め、メールアドレス、パスワード、希望のアドレス（URL）などを登録して契約します。

ASPが提示する規約への同意を行います。
続いて、特定商取引法の設定や運営者情報の
登録を行います。

商品を購入する際の決済方法として、
クレジットカード、銀行振込などを選択します。

商品写真、商品説明文、価格、在庫数を登録します。
必要に応じて、カテゴリの登録、
おすすめ商品の登録なども行います。

ネットショップのオリジナルロゴがあれば、設置しましょう。
テンプレート、カラーの変更を行い、デザインを整えましょう。

ネットショップが完成したら、
いよいよ公開です！

## ● ステップ❸ネットショップを運営しよう

　ネットショップを正式にオープンしたら、購入してくれたお客様とのやり取りが発生します。次のような流れで運営していきます。

商品が購入されると、ASPから
購入があったことを知らせるメールが届きます。

クレジットカードの場合は、すぐに入金を確認できます。
銀行振込の場合は、数日遅れての入金になることが多いです。

商品を梱包し、納品書を同梱して発送します。
カタログ、チラシなども入れておくとよいでしょう。
不備があった場合の連絡手段、
流れなども確認しておきます (P.38～41参照)。

配送会社に連絡して集荷に来てもらうか、
集荷センターやコンビニ等に持ち込み、発送します。

発送を終えたら、お客様へ配送手続きが完了した旨の
メールを送ります。
ASPにテンプレートが用意されているので、これを利用します。
必要があれば、このメールで配送番号もお知らせします。

お客様が商品を受け取ったら、
1つの販売サイクルが完結です。

## ● ステップ❹ネットショップに集客しよう

　ネットショップのオープン後、運営と同時進行で取り組むことになるのが「集客」です。集客については、次の「ネットショップに人は集まるの？」で詳しく解説しています。

# 05 ネットショップに人は集まるの？

★★★ ネットショップを作っただけでは、お客様が来ることは期待できません。どのようにショップに人を呼びこみ、集客していくのか、概要をつかんでおきましょう。

##  ネットショップに人が来る流れ

下の図は、ネットショップに人が来る流れを図にしたものです。どこから、どのように人が来るのか、全体像をイメージしておきましょう。作ったばかりのネットショップは、無人島にあるお店と同じです。ネットショップの存在に気づいてもらうため、集客や販売促進の活動を行います。友人・知人に知らせたり、SNSに投稿したり、広告を出したりといった地道な活動を続けていくことが大切です。

また、一度購入してくれた人に対するアクションも重要です。メルマガやLINE@、SNSなどを使って繰り返しネットショップに訪れてもらうことで、リピート販売につながっていきます。

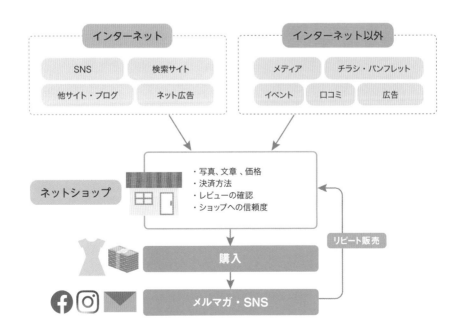

# 人が来る流れは大きく分けて2つ

　ネットショップに人が来る流れは、左ページの図のように、インターネットからの流れと、インターネット以外からの流れの2つに分かれます。それぞれの流れについて、概要を知っておきましょう。

### ● インターネットからの流れ

　検索サイトやSNS、ネット広告、ブログなどでネットショップを知り、リンクをクリックするなどの方法でネットショップに人が集まる流れです。

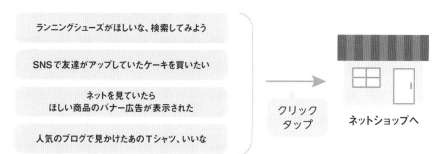

### ● インターネット以外からの流れ

　テレビや新聞、雑誌などのメディアや友人・知人からの口コミでネットショップを知り、検索やQRコードなどの方法でネットショップに人が集まる流れです。

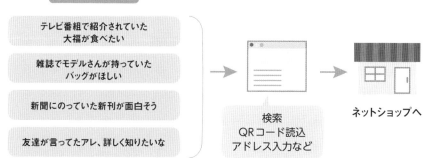

# 06 ネットショップでは 何を売れるの？

ネットショップでは、さまざまな商品を販売することができます。ここでは、ネットショップで具体的にどのようなものが販売されているのかについて、詳しく解説します。

##  多岐にわたるネットショップで扱える商品

ネットショップでは、法律で禁止されているもの、ASP側で販売禁止に指定されているもの以外は、何でも販売が可能です。これまで、ネットショップと相性のよいジャンルとして

- どこで購入しても同じもの (化粧品・健康食品、書籍・DVD、家電・デバイス類など)
- 店頭では買いにくいもの (ダイエット商品や育毛剤など)
- 重量があるもの (水や米など、持ち帰るのが大変なもの)
- 希少なもの、マニア向けのもの (日本国内では販売されていないものなど)

などがあると言われていました。しかし現在では、食品、ファッション、家庭雑貨、キッチン・日用品、家電、OA機器、スマートフォン、スポーツ用品、自転車、インテリアから自動車や不動産まで、ネットショップで扱うことのできる商品の範囲はとても広くなっています。

また、従来は販売が難しいとされていた生鮮食品も、ネットショップで販売されるようになりました。あらためて、楽天市場やAmazonの販売カテゴリを見ると、扱われている商品が多岐にわたっていることがわかります。

◀楽天市場のカテゴリ画面

## 物品だけでなくサービスも販売できる

　ネットショップで販売というと、有形の商品を思い浮かべる人が多いと思います。しかしネットショップでは、サービスや体験といった無形の商品も販売することができます。無形のサービスを販売する場合、ASPによっては「サービス提供を行ったということを証明できる有形物を郵送にて購入者へ送付すること」といった条件が設定されている場合もあります。

・セミナーやイベントの参加受付
・相談 (コンサルティング、カウンセリング、占いなど)
・データ (動画、オリジナルの音楽、イラスト・写真、電子書籍、PDF教材など)

## ネットショップで販売できないものは？

　ネットショップには、販売が禁止されている商品があります。主に「日本の法令で禁止されているもの」「無許可で販売しているもの」「公序良俗に反するもの」「第三者の権利を侵害する恐れがあるもの」の4つです。禁止薬物や犯罪に関る商品はもちろんのこと、酒類、医薬品のように、販売に許可が必要なものもあります。現金や銀行口座、暗号通貨、宝くじなどの販売も禁止されています。また意外と見落としがちなのが「手づくりの食品」で、管轄の保健所での許可が必要です。下記のページを参照して、よく読んでおきましょう。

▲ BASE：登録禁止商品についての解説ページ
https://help.thebase.in/hc/ja/articles/115000047621

# 07 押さえておきたい法律の話

ネットショップで販売できるものの中には、「販売免許」が必要なものがあります。また、販売できたとしても法律上、宣伝文句に制限があるものもあります。ここでは販売に関わる法律について解説します。

##  すべてのネットショップに関係がある法律

まずは、すべてのネットショップ運営者に関係がある法律について解説します。以下の3つの法律について知っておきましょう。

### ● 特定商取引法

事業者による違法・悪質な勧誘行為等を防止し、消費者の利益を守ることを目的として作られました。インターネット、郵便、電話等の通信手段によって申し込みを受ける取引、あるいは通信販売に従事する場合に適用されます。「事業者の氏名（名称）、住所、電話番号」「販売価格、代金の支払い時期、送料、納期」「返品に関する規定」などを明記する必要があります。

### ● 個人情報保護法

名前や性別、生年月日、住所といった、個人情報の取り扱いについて定められた法律です。基本的なルールとして、「個人情報を使用する目的を明記する」「目的外の用途で使わない」「漏洩のないよう保管する」などが含まれます。

### ● 知的財産に関する法律

人間の知的創造活動の成果について、その創作者に一定期間の権利の保護を与えるのが知的財産権制度です。知的財産権には、産業財産権（特許権、実用新案権、商標権、意匠権）、著作権（著作財産権、著作者人格権、著作隣接権）などが含まれます。

特定商取引法や個人情報保護法は、ASP側でひな形が用意されています。特に特定商取引法は、画面にそって必要事項を入力していけば完成します。

# 扱う商品によって関係がある法律

　扱う商品によって、販売に登録や許可が必要になるものがあります。ここで紹介した以外にも、法律の規制を受ける、あるいは申請が必要になる商品があります。必ず調べておきましょう。

## 古物商

　中古品を販売するときに必要になるのが、「古物商許可申請」です。仕入れたものを手直しして販売する場合や、中古品のレンタルやリースの場合に必要になります。最寄りの警察署で申請します。

## 酒類販売

　お酒の販売をする場合、税務署による「酒類販売業免許」が必要になります。免許取得の要件が多岐にわたるため、全国で「酒類販売管理研修」が開催されています。

## 薬機法

　従来は「薬事法」と呼ばれていました。正式名称は「医薬品、医療機器等の品質、有効性及び安全性の確保等に関する法律」で、医薬品、医薬部外品、化粧品、医療機器が対象となります。

## 食品衛生法

　食の安全性を保つための法律です。販売する食品の種類によって、許可が必要な場合と、届け出のみでよい場合があります。自作のパンや菓子の作成・販売については、「菓子製造業の営業許可」が必要です。専用キッチンの用意、食品衛生責任者の資格が必要など、クリアしなければならない項目があります。

## 家庭用品品質表示法

　服や布製品、台所用品に代表される合成樹脂加工品、テレビや冷蔵庫などの電気機械器具、雑貨工業品などに適用される法律です。事業者が表示すべき事項や表示方法が定められています。

# 08 押さえておきたい税金の話

★★★ ネットショップ販売で利益が出てくれば、会社員であっても納税が必要になる場合があります。ここでは、押さえておきたい税金や申請について解説します。

##  確定申告は必要ですか？

ネットショップで商品を販売し、利益が出れば、税金を納めなくてはなりません。事業者であれば、確定申告時にそのまま利益を計上します。ただし、会社員が副業でネットショップを運営する場合、所得が20万円以下であれば確定申告を行う必要はありません。所得とは、「売上－経費」のことです。売上から、商品を仕入れた金額、その他かかった経費を引いた所得が20万円より上になった場合は、確定申告をする必要があります。その年の1月1日〜12月31日までの売上を合計し、経費を差し引いて所得を算出します。

売上

1年間の
ショップ売上
の総額

経費・控除

商品の仕入・材料費や
その他経費
生命保険・社会保険・
扶養控除、など

所得

※マイナスの場合は
非課税

##  副業は認められていますか？

副業OKの企業は増えてきていますが、会社によって規定はまちまちです。会社に勤めている人は、勤務先で副業が認められているか必ず確認しましょう。

# ネットショップに必要な経費は？

　以下の費用は、ネットショップの運営に必要な経費と考えられます。副業、本業に関わらず、支払先からの領収書や請求書を必ず保管しておくようにしましょう。

・商品の仕入れ代金、資材梱包費、商品を発送するときの送料
・ASPに支払う販売手数料、各振込手数料など
・ネットショップ関連のセミナー代や書籍代
・通信費（インターネット、電話代）、電気代などの光熱費
・商品を仕入れる際の交通費、ガソリン代

# 確定申告はいつ？どのように行う？

　確定申告は、毎年2月16日〜3月15日までの期間に行います。税務署に所定の書類を提出する他、インターネットでも受け付けています。また、地域で確定申告のセミナーを無料開催していることもありますので、はじめての場合は、こうした勉強会に出かけてみるのもよいでしょう。

▲確定申告のページ（国税庁）
https://www.nta.go.jp/taxes/shiraberu/shinkoku/kakutei.htm

---

## Point　これから起業する人は開業届を出そう

　これから起業するという人は、最寄りの税務署に開業届を提出しましょう。様式は、国税庁のホームページからもダウンロードできます。申請は、窓口に提出する他、郵送でも受け付けています。マイナンバーの記載が必要になりますので、番号を用意しておきましょう。

・国税庁：個人事業の開業届出・廃業届出等手続
https://www.nta.go.jp/taxes/tetsuzuki/shinsei/annai/shinkoku/annai/04.htm

第1章では、ネットショップを始める前に知っておきたいことを解説しました。主に「知識」面を中心にお話してきましたが、ここで「著作権」についてふれておきたいと思います。

P.24で「知的財産に関する法律」を紹介していますが、その中にあるのが「著作権」です。自分の考えや気持ちを作品として表現したものが「著作物」、著作物を創作した人を「著作者」といいます。著作者に対して法律によって与えられる権利が「著作権」です。つまり、他人の模倣ではない創作物には著作権があり、著作者の利益を守るというルールがあるのです。

創作物には、小説、脚本、論文、講演、音楽（作詞、作曲）、舞踏、絵画、版画、彫刻などの美術作品、建築、地図や学術的な図面・図形、写真、映画、プログラムなどが該当します。そして、これらは著作者の了解なしに流用してはいけないのです。

以下のような例はすべてNGですので、絶対に覚えておいてください。あとから莫大な使用料が届くケースも実際にあります。

・カメラマンのブログに掲載されていた写真を、無断で自分のホームページやSNSに使用すること

・人気のキャラクターをアパレル商品や雑貨、食品に無断で使用し販売すること

・他のネットショップ（ホームページ、ブログも含む）に掲載されていた商品説明文をそのままコピーして自サイトに掲載すること

など

どうしても使いたいのであれば、事前に許可をもらえるか著作者に聞いてみましょう。また著作権について不安がある場合は、もよりの弁護士事務所などに相談してみてください。

# 第 ② 章

## ネットショップの準備
### ～何が必要？コレだけ決めればひと安心！

この章では、ネットショップを始める前にどんなことを準備しておけばよい
かを解説します。商品価格の決め方、決済方法の種類、配送方法など運営ルー
ルの決め方や、商品写真の撮り方も紹介しています。

# 01 始める前に準備したい！5つのもの

★★★ ネットショップをスタートするにあたり、何が必要になるでしょうか？　ここでは始める前に準備しておきたい、5つのアイテムをご紹介します。

##  始める前に用意しておきたいアイテムはコレ

　ネットショップを作るだけであれば、スマートフォン1台あれば問題ありません。けれども、ネットショップをきちんと運営していくためには、用意しておきたいツールやアイテムがあります。

### 🖱 1.パソコン

　商品写真を加工したり、チラシを作ったり、商品に同梱するメッセージを印刷したりと、パソコンでなければできないことがあります。パソコンは用意しておきましょう。また、インターネットに接続できる環境が必要です。

**予算：5〜10万円**

### 🖱 2.スマートフォン

　スマートフォンは、必須のツールです。ネットショップのスマホ表示を確認したり、外出先で注文のチェックをしたり、商品写真の撮影をしたりすることができます。

**予算：Androidのスマホであれば2〜3万円／**
**　　　通信費用は月額3,000〜5,000円**

### 🔍 3.プリンター

　納品書の印刷、お客様へのメッセージの印刷など、なにかと必要になるのがプリンターです。コンビニでも印刷できますが、量が増えてきたら、自前でプリンターを持っていた方が効率的です。

**予算：1〜2万円**

### 🔍 4.メールアドレス

　メールアドレスは、パソコンでもスマートフォンでも受信できるものがおすすめです。Googleの「Gmail」であれば、無料で利用できて、パソコン・スマートフォンの両方で受信できます。

### 🔍 5.銀行口座

　給与振込や個人的な入出金で使っている口座とは別にネットショップ用の口座を作っておくと、帳簿代わりにもなって便利です。オンラインで開設手続きができ、ネット上で入出金や振込を確認できるネット銀行が便利です。

　主なネット銀行としては次のようなものがあります。

・ジャパンネット銀行：https://www.japannetbank.co.jp/
・楽天銀行：https://www.rakuten-bank.co.jp/
・住信SBIネット銀行：https://www.netbk.co.jp/

　なお、ASPとしてBASEを利用した場合、ネットショップでお客様が購入したときの代金はいったんBASE側が集金します。10日ほどたってからBASEに申請して、自分の口座に振り込んでもらう、という流れになっています。直接お客様から振り込まれるわけではないので注意が必要です。詳しくはP.134で解説しています。

## 02 商品のラインナップを決めよう

ネットショップで販売する商品を決めましょう。すでに商品が決まっている人も多いと思いますが、さらに一歩進めて、商品の役割やラインナップについて検討してみましょう。

###  商品は1つ？ それとも複数？

　ネットショップで販売しようとしている商品は、1つですか？ それとも複数ですか？ 人によって商品点数はさまざまだと思いますが、もし複数を予定しているのであれば、以下のような形で各商品の位置づけを確認してみてください。商品の役割を明確にすることで、どこに力を入れて販売すればよいのかが見えてきます。

#### 🔍 メインの商品

　文字通り、主力となる商品です。売上の主軸となるものなので、力を入れて販売していきます。メインの商品が複数になる場合もあります。

【例】スポーツショップの人気シャツ・シューズ
　　　菓子販売のホールケーキ
　　　アパレルショップの人気商品
　　　旬の商品　など

#### 🔍 サブの商品

　メインの商品ほどの力は入れないけれど、扱っておきたい商品です。あるいは、メインとセットにすることでプラスの売上が期待できるものも、サブの商品になります。

【例】スポーツショップのタオル
　　　菓子販売のクッキー
　　　アパレルショップのアクセサリー
　　　旬ではないがたまに売れるもの　など

## 🔍 オプションの商品

オプションは、「選択」という意味です。メインの商品に追加して利便性を高めたり、バリエーションを持たせたりするための商品です。購入する側が、要・不要を選択します。

【例】乾電池、ギフトカード
　　　ラッピング　など

## 🔍 お試し商品

化粧品や健康食品、食べ物など、通常のパッケージに比べて量を少なくしたものを低価格で提供する商品です。まずはお試し商品を試してもらい、気に入ってもらえたならメイン商品の購入へと誘導します。必要に応じて、このような「お試し」ができる商品を用意しておきましょう。

【例】化粧品や健康食品などのお試し商品
　　　食品などのミニパック　など

なお、取り扱っている商品点数が多い方がよく売れるのでは？　と考える人がいるかもしれません。しかしたくさんの商品を抱えると、販売するときの力のかけ方が分散してしまったり、在庫を抱えるリスクもでてきます。まずは小さく始めて、少しずつ大きく育てていくのがおすすめです。

---

**Point　オリジナルのセット商品を作れないか検討してみよう**

競合が多く、単体での販売が難しい商品は、セットにして販売できないかを検討してみましょう。セットにすることで、単体の商品よりも魅力を感じてもらうことが可能になります。また、ネットショップを利用する目的として「ギフト」も少なくありません。3,000円、5,000円、10,000円など、きりのよい数字に収まるようにセット商品を構成できないか、考えてみましょう。

第2章　ネットショップの準備　～何が必要？ コレだけ決めればひと安心！

## 03 商品の値段を決めよう

ネットショップで販売する商品の値段は、仕入れ代や材料費の他、さまざまな経費を含めた上で決定します。意外と忘れがちな項目もあるので、しっかりと考えておきましょう。

 ### 商品価格は重要なアピール材料

　ネットショップで販売する商品の価格は、高すぎると売れませんし、安すぎると利益が出ません。また製造原価や仕入れ代はもちろんのこと、ASPの手数料や梱包費、宣伝費や広告費といった諸経費を踏まえた上で、利益が出る価格を決める必要があります。以下の図を参考に、まずは最低利益率が30％程度になるような価格を算出してみましょう。

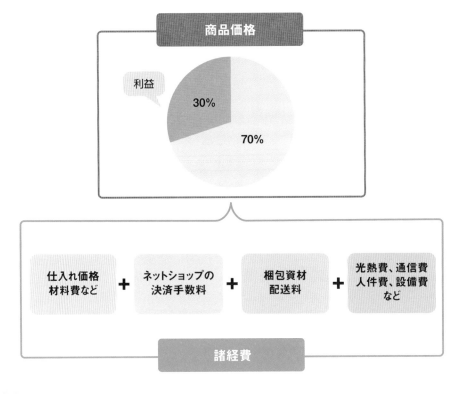

# 競合他社の価格を調べてみよう

　自分のネットショップの商品と、類似の商品や競合商品を扱う店舗がある場合は、競合他社の価格を調べて、競合に負けない価格設定を行う必要があります。Amazonや楽天市場、あるいは検索エンジンで、競合商品の価格を調べてみましょう。

　とはいえ、競合他社に合わせると、どうしても利益が出ないというケースもあります。その場合は、以下のように他社がやっていない価値を打ち出すことで、差別化する方法も検討してみましょう。

### 短納期にする

　急ぎで商品がほしい人は、多少割高になっても購入する場合があります。スピーディーな納品が可能であれば、メリットとして打ち出してみましょう。

### 他の商品とセットにして販売する

　贈答やギフト商品としてセット販売する、シリーズにするなどのパターンがあります。またギフト系であれば、手書きのメッセージカードやセンスのよいラッピングなどで差をつけられないか考えてみましょう。

### まとめ販売をする

　よく使うものや消耗品などは、まとめて販売することで購買意欲が高まることがあります。単体で購入するよりも割安な価格設定にすることで、競合他社との差別化が可能になります。

# 04 商品の決済方法を決めよう

★★★ ネットショップのサービスには、銀行振込やクレジットカードなど、あらかじめ複数の決済方法が用意されています。一部を除いて、すぐに導入することができます。

## BASEでの決済方法は6種類ある

　ネットショップのサービスによって、導入できる決済方法は異なります。BASEの場合は、以下の表の6つを選択できます。いずれも「BASEかんたん決済」というしくみを使って導入します。一部の審査がある方法を除き、いずれもかんたんに設定できます。ただし、オーナーの申請内容によっては利用できない場合もあるので注意が必要です。

　オーナーの氏名や住所は、正確なものを申請する必要があります。いずれの決済もすぐに導入できますが、JCBカードのみ申請後2〜3営業日後から使用可能になります。

　すべて導入してもよいですが、あえてここから選ぶとすれば「クレジットカード決済」と「銀行振込決済」の2つは必ず導入しておきましょう。

| 決済方法 | 内容 |
|---|---|
| クレジットカード決済 | VISA、MasterCard、アメリカン・エキスプレス・カード、JCBが利用できます。海外で作成したクレジットカードには非対応です。 |
| コンビニ（Pay-easy）決済 | ファミリーマート、ローソン、ミニストップ、セイコーマートで支払いができます。セブンイレブンは非対応です。 |
| 銀行振込決済 | BASE側で指定した銀行口座（三井住友銀行）に振り込んでもらいます。5営業日以内に振込がない場合は、キャンセルになります。 |
| 後払い決済 | 商品発送後、請求書を発行し、注文者にコンビニで入金手続きをしてもらいます。手数料が税込300円かかります。 |
| キャリア決済 | 商品代金を、注文者が契約している携帯電話の利用代金とまとめて支払うことができます。 |
| Paypal | クレジットカードや銀行口座をあらかじめPaypalというサービスに登録しておくことで利用できます。全世界で2億人以上のユーザーがいるオンライン決済のサービスです。 |

## BASEで導入できない決済方法は？

BASEでは、以下の決済方法には対応していません。特に代引きが利用できない点には注意が必要です。

・代引き決済（着払いでの発送も不可）
・ゆうちょ銀行への振込
・ショップオーナーの個人／法人銀行口座への直接入金
・現金手渡し

## どんな決済方法がよく使われるの？

ネットショップでの決済は、最近はクレジットカードの利用が突出しています。カード番号や有効期限などを入れれば即時支払いができる手軽さや、ポイントやマイルがつくお得さが理由です。また、セキュリティや情報漏えいの面でも、かつてほど心配がなくなったということもあるでしょう。

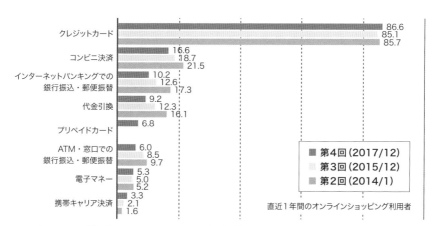

▲マイボイスコム（株）「オンラインショッピングの決済」に関するインターネット調査

またBASEでは利用できませんが、他のネットショップサービスの中には、Amazonや楽天市場のIDを使って決済できるサービスもあります。慣れているショップのIDで購入できるためスムーズに決済できることが、受け入れられている理由の1つです。将来的には、BASEにも導入されるかもしれません。

# 05 梱包の方法を決めよう

ネットショップで商品が売れたら、お客様のもとへ発送する作業を行います。
破損などのリスクを抑え、万全の状態で届けたいものです。ここでは、商品
の梱包やラッピングの方法について解説します。

##  覚えておきたい梱包の種類

商品を配送する際は、無事に届けるための準備を万全にしておきたいものです。届い
たときの状態や梱包の丁寧さ、同梱物は、ネットショップの評価に直結します。まずは、
梱包の種類を押さえておきましょう。

### 🔍 宅配袋（宅配業者提供）

各宅配業者が販売している宅配袋です。通常の紙袋よりも丈夫で水気にも強いという
特徴があります。テープをはがすだけで封ができるので、梱包作業がかんたんで見栄え
もきれいです。提供会社にもよりますが、A3程度の大きさまで対応できます。

### 🔍 段ボール箱

ネットショップの配送には欠かせない資材の1つです。丈夫で複数の商品にも対応で
きますが、他の資材に比べて梱包の手間とコストがかかります。

### 🔍 宅配用ビニール袋

アパレルなどでよく使われるビニール素材の袋です。濡れても破れる心配がなく、丈
夫で安価という特徴があります。やわらかいもの、平らなものなどを梱包するのに向い
ています。ロゴマークなどを印刷するサービスを行っているところもあります。

### 🔍 封筒

小さなアクセサリーや雑貨、軽くて平らなもの等の配送に向いています。柄や模様を
入れたり、ロゴマークを印刷することで差別化を図ることも可能です。

### 🔍 クッション封筒

内側にエアキャップがついた封筒です。梱包の手間が大幅に軽減される優れモノです。

### 🔖 折りたたみ式ボックスケース（紙）

「ネコポス」や「ゆうパケット」に対応した、折りたたみ式の紙のケースです。折り目がついているので、かんたんに組み立てることができ、保管にも場所を取りません。冊子などの平らなもの、厚みがあまりないものに向いています。

## 緩衝材やラッピングを用意しよう

商品の梱包では、衝撃や落下などから商品を守るための緩衝材が必要になります。お客様の手元に届いたときに商品が破損していては、クレームや返品などトラブルの原因になります。商品を緩衝材でくるんだ上で、宅配袋や段ボール箱に入れるようにしましょう。便利な緩衝材としては、下記のようなものがあります。

・エアキャップ（プチプチ）
・エアクッション
・紙パッキン
・新聞紙

またネットショップでギフト商品を扱っているのであれば、プレゼント用のラッピングを用意してくとよいでしょう。ラッピングが素敵だからという理由で、選ばれる場合もあります。ラッピングには、リボンや包装紙、ギフト専用の袋、花飾り、シール等、さまざまな種類があります。子供向け、男性向け、女性向けなど、複数のラッピングを用意しておき、選択肢を増やしておくのがおすすめです。

▲緩衝材を入れて商品を破損から守る

▲プレゼント用のラッピングを用意する

# 06 商品の同梱物を用意しよう

商品や梱包の方法が決まったら、同梱するものを用意しましょう。ここでは、商品と一緒に入れておくことで販売促進にも結び付く同梱物を紹介します。

## 商品と一緒に入れておきたいもの

　せっかくお客様に届けるのであれば、商品と納品書だけではちょっと寂しいですよね。以下のような同梱物をうまく活用することで、リピート販促にも結び付けることができます。ただし、同梱物を入れ過ぎて、送料に影響が出ないように注意してください。

### メッセージレター

　購入のお礼や店長からのメッセージを記載したメッセージレターです。ネットショップの向こう側にいる運営者を意識してもらうことで、ショップに親近感を抱いてもらいます。リピート購入を促す効果があります。

### クーポン

　次回の購入時に使えるクーポンです。商品を割引価格で購入してもらうことで、リピート購入を促進します。BASEにはクーポン機能を追加することができます。詳しくはP.214を参照してください。

### 🔍 粗品／ノベルティなど

　ちょっとした雑貨などでも、商品以外のものをおまけとして同梱すると、お得感を感じてもらえ、喜ばれるものです。ネットショップによい印象を持ってもらうためにも、送料を圧迫しない程度の小さなものをつけてみましょう。

### 🔍 チラシやカタログ

　同梱物の王道ともいえるのがチラシやカタログです。印刷費用はかかりますが、リピート促進のため、A4用紙1枚程度でよいので入れておきたいものです。SNSやブログのURLやQRコードを載せておくのもよいでしょう。

### 🔍 アンケート

　商品の使用感などをたずねるアンケートを入れておきましょう。積極的に集めたい場合は返信用封筒を入れたり、答えてくれた方限定の特典をつけたりします。案内だけを同梱し、実際のアンケートはネットで受け付ける形式にしてもOKです。

# 07 配送方法と送料を決めよう

ネットショップを運営する上で欠かせないのが、配送方法です。宅配業者や郵便など、いくつかの種類があります。また、配送方法によって送料も変わってきます。

##  覚えておきたい配送の種類

　商品の配送方法には、いろいろな種類があります。運ぶ商品の大きさや重さ、形状などによって使い分けましょう。また、配送先によって送料が異なる場合があります。BASEでは、都道府県、あるいは地域ごとに個別の送料を設定することができます (P.96参照)。また、最近では「一定額以上の購入で送料無料」が主流になっています。いくら以上で送料を無料にするかを考えておきましょう。以下に、ヤマト運輸のサービスと郵便局のサービスを利用したときの料金の違いなどをまとめておきます。

### 宅配便 (ヤマト運輸) を利用した場合

　ヤマト運輸の、個人向けのサービスの中から代表的なものをピックアップしました。宅急便は、全国のセブンイレブンやファミリーマートから発送の手続きをすることができます。法人であれば、「ネコポス」というポストに投函するサービスなども利用できます。詳しくは、ヤマト運輸のホームページを参照してください。

http://www.kuronekoyamato.co.jp/

| 種類 | 内容 |
|---|---|
| 宅急便 | 60サイズ〜160サイズ (縦・横・高さの合計が160cm以内、かつ重さが25kgまで) の荷物を送るのに最適。料金:1,040円〜2,180円 |
| 宅急便コンパクト | 60サイズよりも小さな荷物を送るのに最適。宅急便60より310円安い。料金:660円 (+専用BOX70円) |
| クール宅急便 | 生鮮食や生菓子など日持ちがしないものを送るのに最適。冷蔵タイプは0〜10℃、冷凍タイプは-15℃以下。料金:1,260円〜2,380円 |
| パソコン宅急便 | パソコンやプリンタ、デジカメなどの周辺機器を配送するのに最適。担当ドライバーが箱の準備や梱包も行う。料金:1,500円〜 (+専用BOX 670円〜) |
| ヤマト便 | 宅急便のサイズ (160) を超えるものや一梱包あたり30万円を超える場合に利用。料金:重量 (kg) =縦 (メートル) ×横 (メートル) ×高さ (メートル) ×280 |

## 🔍 郵便局のサービスを利用した場合

　郵便局のサービスは、ポストに投函するタイプのものが多いのが特徴です。定型のもの、小さいもの、軽いものなどに向いています。詳しくは、郵便局のホームページを参照してください。

https://www.post.japanpost.jp/index.html

| 種類 | 内容 |
|---|---|
| ゆうメール | 1kgまでの荷物の送付に。書籍、雑誌、カタログ、DVDなど。信書は不可。<br>料金：180円～360円 |
| ゆうパケット | 重さ1kgまで、幅・奥行・高さの合計が60cmまで（長辺は34cm以内、厚さ3cmまで）の小型の荷物の送付に。料金：250円 |
| スマートレター | A5サイズ・1kgまで全国一律料金です。文庫本、DVD、携帯用アクセサリー、小物など。信書OK。料金：180円 |
| レターパック | A4サイズで3kg以内の荷物の送付に。荷物の厚みに応じて、プラスとライトの2種類があります。レターパックプラスは対面、レターパックライトは郵便受けに投函できます。<br>料金：レターパックプラス520円／レターパックライト370円 |
| クリックポスト | パソコンやプリンタ、デジカメなどの周辺機器を配送するのに最適。担当ドライバーが箱の準備や梱包も行います。<br>料金：1,500円～（＋専用BOX 670円～） |
| ゆうパック | 郵便局の宅配サービスです。ポストへの投函はできません。3辺合計サイズ170cm以下、25Kg以内です。料金：810円～ |

---

## Point 　理想は送料無料

　購入する側からすると、「送料無料」が理想です。しかし、販売する側からみると、そうもいきませんよね。もし商品価格の中に含めて販売できそうなことがあれば、送料の無料化を検討してみてください。難しい場合は、無理に無料にする必要はありません。

送料0円

# 08 返品・返金・キャンセルの ルールを決めよう

お客様が購入した商品が、なにかしらの理由で返品になってしまうことがあります。返品を受け付ける条件や、どのように手続きを行うのか、あらかじめルールを決めておきましょう。

## 返品ルールを決めておこう

　ネットショップを運営する上で、想定しておきたいリスクの1つに「返品」があります。いざというときのために、あらかじめ返品ルールを決めておきましょう。

### 🔍 返品を受け付けるケース

　返品理由には、大きく2つの種類あります。お客様の都合によるものと、ショップ側の不備によるもののどちらかです。このうち、注文したものと違うものが届いた、壊れていたなど、ショップ側の不備によるものであれば、すぐに返品や交換の手続きをしましょう。それに対して、次にようなお客様都合の場合は、対応に運営者の判断が必要になります。

・サイズや色を間違えて注文した
・思っていたのと違った
・着用してみたが似合わなかった

　サイズや色を間違えて注文した場合、在庫があれば交換する方向で話をすることはできます。それ以外の理由で返品する場合、受け付けるかどうかは運営者次第です。BASE側でも、返品ルールについてはショップごとの裁量ということになっています。自身で基準を決めておきましょう。

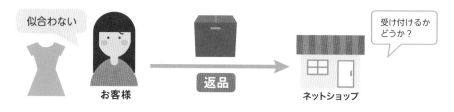

### ● 返品を受け付けないケース

例えば以下のようなケースは、返品を受け付けないルールにしているショップが多いです。

・開封後、一度でも使用したもの、洗濯したもの
・商品に付いているタグを外したもの
・データで納品したもの
・オーダーメイド、セミオーダーもの

その他、扱う商品や業種によって個別の返品ルールを決めておく必要がある場合があります。いろいろなケースを想定し、定めておいたルールに則って対応できるようにしておきましょう。

 ## 返品ルールはどこに明記する？

返品ルールは、「特定商取引法」の「返品についての特約に関する事項」という欄に、あらかじめ記載しておきます（P.74参照）。明記しておくべき返品ルールについて、下記の表にまとめました。また商品を発送するときに、返品ルールについて記載した用紙を入れておいてもよいでしょう。

### ● 決めておきたい返品ルール

| 内容 | 詳細 |
|---|---|
| 返品期限 | 「商品到着後○日まで」のように、返品に対応する期限を決めておきます。 |
| 返品方法 | どのような連絡方法で返品に対応するのか（電話・メール）、手順はどうするのか、配送会社の指定はどうするか、返品するための書類は必要かなどを決めておきます。 |
| 送料の負担 | 返品時の送料負担をどちらがするかを決めておきます。<br>例：返品理由がお客様都合の場合：お客様の負担<br>　　　ショップ側の不備による場合：ショップ側の負担 |
| 返金方法 | どのタイミング、方法で返金を行うのかを決めておきます。<br>例：返品の商品が到着してから1週間以内に、お客様指定の銀行口座へ振込（振込手数料はショップ負担） |

第2章　ネットショップの準備 〜何が必要？コレだけ決めればひと安心！

# 09 商品の写真を撮ろう

★★★ ネットショップに掲載する商品写真は、売上を左右する重要な要素です。ちょっとしたコツでグッと見栄えがよくなることもありますので、撮影のポイントを押さえておきましょう。

## 商品写真は売上を左右する重要なアイテム

　商品写真は、ネットショップを運営する上で、とても重要なアイテムです。最近はスマートフォンのカメラの性能が上がっているため、デジタル一眼ではなく、スマートフォンを使った撮影でも十分です。手持ちでもよいですが、スマホ用の三脚があると、ブレを防止することができます。

　また、ちょっとしたコツを覚えておくと、より見栄えのよい写真を撮ることができます。ここでは、iPhoneを例に解説していきます。

▲商品の撮影はスマートフォンで十分

## グリッド線を表示させよう

スマホのカメラアプリでは、水平、垂直のグリッド線を表示させることができます。
ゆがみ防止、構図のバランスを取るのに便利です。

**タップ**

**グリッド線が
表示された**

## 明るさを調整しよう

iPhoneの場合、画面をタッチすると太陽のマークが表示されます。太陽のマークを
上にスライドさせると明るくなり、下にスライドさせると暗くなります。この位置を調
整して、適切な明るさの写真を撮影することができます。

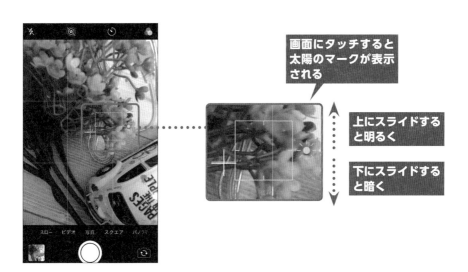

**画面にタッチすると
太陽のマークが表示
される**

**上にスライドする
と明るく**

**下にスライドする
と暗く**

## 🔍 晴れた日に撮ろう

　晴れた日に日差しが差し込む場所で撮影する
と、自然な光が当たって、室内でも雰囲気のよい
写真を撮ることができます。人工光で撮るより
も、かんたんに美しい写真を撮ることができるの
でおすすめです。

## 🔍 いろいろな角度から撮っておこう

　ネットショップでは、1つの商品に対して複数の写真を掲載することができます。
BASEでは、最大20枚の写真を掲載できます。商品によっては、横から、あるいは裏か
らなど、別の角度から見たときの状態を確認してから買いたいものもあります。商品に
応じて、複数の角度からの写真を撮っておきましょう。

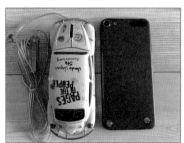

複数の角度からの写真を
撮影しておく

サイズ感がわかるような
写真を撮影してもよい

　その他、洋服の場合はモデルに着てもらった状態を撮影したり、小物や雑貨の場合は
大きさがわかるものと並べて撮影するなど、商品に応じた撮影のコツはいくつもありま
す。商品の魅力を伝えることを第一に考え、工夫して撮影しましょう。

## あると便利な撮影用の小物

　女性向けの商品を販売する場合など、商品をよりオシャレに見せる小物があると、写真がグッと引き立ちます。以下のうち、②〜④は100円ショップでも手に入ります。コストをかけずにグレードアップできるので、ぜひ試してみてください。

### ①撮影用ボード

厚紙に木目のような用紙を貼った撮影用ボードです。スタイリッシュなテーブルの雰囲気が演出できます。予算の目安は、2,000〜3,000円程度です。

### ②色画用紙

100円ショップや文房具店で売っている色画用紙は、使う色によって写真の雰囲気をガラッと変えることができます。

### ③葉っぱや枝、造花など

こちらも100円ショップで買える小物です。ちょっとしたアクセントになります。

### ④透明なラック

アクセサリーなどの撮影に使うと、段差や奥行きのある写真を撮ることができます。

　雑貨やアクセサリー、手作り商品など、オシャレな写真を撮りたいときは、いろいろな小物と商品を並べて撮影しましょう。Instagramのアプリ内で「置き画」で検索すると、小物を活かした写真が表示されるので参考にしてください。

# 10 商品説明文を用意しよう

商品を登録する際、商品説明文を記載する入力欄があります。説明文にはどんな内容を載せたらよいのか、また文章が苦手なときはどうすればよいかを解説します。

 ## 商品の説明文にはどんな内容を書けばいい？

ネットショップで商品を販売する上で、キャッチコピーや商品説明文が大事なことは、皆さんもよくご存じかと思います。もちろん、読んだ人がついつい買いたくなってしまう文章が書けるのが理想ですが、その前に「商品の情報を正しく伝える」ことを意識するようにしましょう。商品を買おうか迷っている人は、例えば次のような不安を持っています。こうした不安を解消するための必要な情報を掲載しましょう。

・自宅の引き出しにちゃんと収まるサイズ？
・持ったときに、どのくらいの大きさになるの？
・重かったらどうしよう…
・部屋に入るかな？
・素材はどう？　やわらかい？　固い？　布なの？　木なの？
・どんな成分が使われているの？　アレルギー対応は大丈夫？

何の材料で
できてるの？

手ざわりは？

サイズは
どのくらい？

重かったら…

## 必ず掲載しておきたい商品情報

　こうした不安を解消するため、以下の中で必要と思われる項目は必ず掲載しておきましょう。必要な情報は商品によって異なるので、それぞれの商品に合わせて考えてみましょう。

55cm

22cm　　35cm

・商品の大きさ、縦・横・奥行などの長さ、重さ
・外寸、内寸（収納アイテムやスーツケースなど）
・布製品の素材、生地の名称
・化粧品や医薬品の成分
・食品の場合は、材料や調味料、添加物等の成分

## 文章が苦手な人はどうすればいい？

　商品説明文を書くにあたって、「文章が苦手」という人も少なくありません。そこでおすすめなのが「箇条書き」です。商品の特徴やメリットを、箇条書きにして掲載します。長い文章は苦手でも、箇条書きなら取り組みやすいはずです。以下の例文を参考にして、商品説明文を作ってみてください。

---

オリジナルの素材で作った肌触りのよいTシャツです。

・シンプルでスタイリッシュ
・オリジナルの素材！
・肌触りバツグン
・洗濯にも強いから毎日着られる
・カラーバリエーションが豊富
・ジャケットのインナーにも使える

【素材】
・綿70％、ポリエステル30％

【サイズ】
S：肩幅:38.5cm 袖丈:17.5cm 身幅:46cm 着丈:62.5cm
M：肩幅:40.5cm 袖丈:20.5cm 身幅:48cm 着丈:64.5cm
L：肩幅:43.5cm 袖丈:23.5cm 身幅:51cm 着丈:65.5cm

---

▲商品説明文を箇条書きでまとめた例

# 11 商品のカテゴリを決めよう

★★★ 販売する商品がたくさんある場合、カテゴリ分けしておくとわかりやすくなります。種類に応じて分類するイメージです。あらかじめ、扱う商品を分類しておきましょう。

## 商品のカテゴリって？

　商品カテゴリとは、商品を分類するラベルのようなものです。商品が1つだけ、あるいは少ししかない場合は分類する必要はありませんが、多くの商品を扱うネットショップの場合、商品を分類せずにネットショップに登録してしまうと、購入しようと訪れたお客様が、どこに何があるかわからず、混乱してしまいます。

　スーパーやショッピングモールを想像するとわかりやすいでしょう。食品、洋服、本、生活雑貨など、ジャンルごとに売り場が分かれています。ネットショップの商品がたくさんある場合は、ショッピングモールのようにジャンルごとに分類して掲載します。この分類を「カテゴリ」といいます。

▲ゴチャゴチャに商品が並んだ状態

# カテゴリ分けをしよう

例えば「ランニングウェア関連グッズ」を扱うネットショップの場合、以下のように「ウェア」や「ランニングパンツ」「ランニングシューズ」「小物」のようにカテゴリを分けることができます。

これを「メンズ」と「レディース」に分けると、さらにわかりやすくなるでしょう。

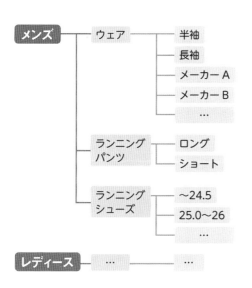

BASEでは、カテゴリを「大カテゴリ」「中カテゴリ」「小カテゴリ」の3段階に分類することができます。これ以上細かく分類することはできないので、カテゴリを考えるときには、3段階以内に収まるようにします。

また、1つの商品に対して複数のカテゴリを設定できます。複数のカテゴリにまたがる商品では、例えば「半袖のウェア」「メーカーA」「白」のように設定しましょう。

# 12 ネットショップの運営日を決めよう

★★★ 専業でネットショップを運営できるのであれば別ですが、副業の場合、運営に携われる日は限られます。ここでは、ネットショップの運営日の決め方について解説します。

##  ネットショップの運営日って？

　お客様は、基本的に24時間365日、ネットショップで注文できます。しかし、平日の昼間は会社員をしている、などといった場合は、発送できる日時も限られてくるでしょう。あまりに到着が遅いと、購入者が不安になってしまうだけでなく、「このショップは詐欺ではないか？」とクレームが来ることもあります。そうなると、ネットショップのサービスから利用停止（アカウントの凍結）の通告を受けるということにもつながりかねません。そのため、「発送作業ができる日」として、ショップの営業日をあらかじめ明記しておく必要があるのです。

##  注文受け付けから商品到着までの流れの例

　以下は、注文を受けてから到着までのスケジュールの一例です。状況によって前後することはあると思いますが、ざっとの目安をつかんでおきましょう。

|  |  |
|---|---|
| 7/8（水） | 注文メール到着 |
| 7/10（金） | 入金確認 |
| 7/11（土） | 商品梱包・発送準備 |
| 7/12（日） | 発送 |
| 7/15（水） | 購入者宅へ到着 |

## 平日が運営日、土日が休みの場合

　ネットショップに専業で携わる場合は、平日が発送日、土日祝は休みというパターンが一般的です。この場合は、特定商取引法の営業日の項目に、「営業日:月〜金　9:00〜17:00　土日祝休み」といった表記をしておきましょう。

　なお、BASEには営業日カレンダーを載せるための機能がありません。そこでブログの機能 (P.182) を使って、月ごとに営業日あるいは休業日を掲載しておきましょう。カレンダーを作成するときは、2か月分を用意しておきましょう。ある程度先まで予定がわかる場合は、まとめて作成した方が、作業が楽になります。

◀ブログに掲載した
　カレンダー

　また、無料でカレンダーを作成できるツールを提供しているWebサイトもあるので、利用を検討してみましょう。

● Calendar BOX
https://calendarbox.net/freeparts/

● カレンダー作成支援
http://calendar.syoukoukai.com/

## 平日の発送業務が難しい場合

　副業としてネットショップに携わる場合は、平日の発送作業が難しいという人もいるでしょう。そんなときは、無理のない範囲で営業日を決めましょう。「営業は土日のみ」と記載してしまうのも1つの方法です。「いつ届くかわからない」という状況よりは、最初から営業日がわかっていた方が、購入する方の安心感も増すはずです。このようなケースでは、特定商取引法 (P.74) の項目に、「営業日:土日のみ」と書いておくようにします。その他、「月・水・金のみ営業」や「5のつく日のみ営業」など、状況に合わせてフレキシブルに設定してください。

# 13 ネットショップの名前を決めよう

ネットショップの名前は、お客様にどのようなショップかを伝える重要な要素です。扱う商品がわかりやすい名前にするか、イメージを優先した名前にするか、考えてみましょう。

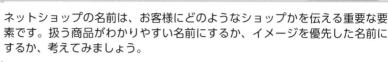

## ネットショップの名前はどうやって決める？

ネットショップの名前のつけかたは、大きく分けて2種類あります。「①わかりやすい名前」と「②イメージや想いを優先した名前」です。どちらにするかは自身のこだわりにもよりますが、伝わりやすさを重視するのであれば①がおすすめです。お客様に与える印象を考えて名前をつけましょう。

###  ①わかりやすい名前

何の商品を販売しているのかをわかりやすく伝える言葉を、ショップ名に入れるパターンです。

例）
- オーガニックコットン「草花」
- とれたての産地直送野菜「ホッカイドー」
- ご当地グッズ専門店★47

### ②イメージや想いを優先した名前

ショップの雰囲気やイメージが伝わる言葉を、ショップ名に入れるパターンです。コンセプトやブランドイメージを大事にする場合におすすめです。

例）
- Little man books（自作の書籍や写真集の販売）
- Power Everyday （健康グッズなどの販売）
- Boo Foo Woo（輸入の雑貨や小物の販売）

# ネットショップの名前はどこに反映される？

ネットショップの名前は、BASEの管理画面から設定できます。ショップ名を画像やロゴにして設置することもできます。詳しくは、P.102で解説します。

ネットショップの名前が表示される

ロゴマークがあればそれを表示することもできる

---

**ヒント　もともとある屋号や会社名を使う**

もともとお店をやっている、あるいは会社名・事業名が決まっている場合には、そのままショップ名にするのもよいでしょう。ただし、屋号や店名、会社名が「何を売っているお店」なのかが伝わりにくい場合は、左ページの①のパターンも検討してみてください。

# 14 特定商取引法の 記載内容を決めよう

★★★ すべてのネットショップで必ず記載しなければならないのが「特定商取引法」の表示です。ここでは、特定商取引法にどんな項目を記載する必要があるのかを詳しく解説します。

## 特定商取引法に掲載する項目

　P.24でも解説したように、すべてのネットショップには「特定商取引法」に基づく表記が義務付けられています。BASEではあらかじめ以下のようなテンプレートが用意してあるので、管理画面で必要事項を入力するだけで完成します。

---

**特定商取引法に基づく表記**

**事業者の名称**
❶ 技評太郎

**事業者の所在地**
❷ 郵便番号 ：162-0846
住所 ：東京都新宿区市谷

**事業者の連絡先**
❸ 電話番号 ： 03-
営業時間： 定休日：

**販売価格について**
❹ 販売価格は、表示された金額（表示価格/消費税込）と致します。

**代金（対価）の支払方法と時期**
❺ 支払方法：クレジットカードによる決済がご利用頂けます。支払時期：商品注文確定時でお支払いが確定致します。

**役務または商品の引渡時期**
❻ 配送のご依頼を受けてから5日以内に発送いたします。

**返品についての特約に関する事項**
❼ 商品に欠陥がある場合を除き、基本的には返品には応じません。

---

## ①事業者の氏名

ネットショップ運営責任者の氏名を入力します。複数人で運営する場合は、代表者や責任者の名前を入れることになります。また、管理画面の「区分」で「法人」を選択すると、法人名、法人名 (カナ) の2つの項目が追加されます。

## ②事業者の所在地

ネットショップ運営者 (事業者) の住所を入力します。自宅を拠点にしている場合など、表示したくない場合は次ページを参照してください。

## ③事業者の連絡先 (電話番号)

ネットショップ運営者 (事業者) の電話番号を入力します。固定電話、携帯電話のどちらでもOKです。普段使っている番号を入力したくない場合は、次ページを参照してください。

## ④販売価格について

初期状態で「販売価格は、表示された金額 (表示価格/消費税込) と致します。」という定型文が入っています。送料が別途発生する、地域ごとに送料が異なるなど、特記しておくべき事項があれば、ここに書いておきましょう。

## ⑤代金 (対価) の支払方法と時期

利用可能な決済方法と支払時期について、この欄に記入します。

## ⑥役務または商品の引渡時期

商品の引き渡し時期 (納期) について、だいたいの目安を掲載しておきましょう。商品によってバラつきがある場合は、「引渡時期は、商品ごとに異なります。詳しくは、各商品ページにてご確認ください」といった文章を入れておくとよいでしょう。このとき、各商品ページの説明文に納期の目安を入れておくことをお忘れなく。

## ⑦返品についての特約に関する事項

返品や返金に関するルールを記載します。P.44で決めた内容を載せておきましょう。

## ⑧その他 (営業時間・定休日等)

営業時間や定休日を入力します。詳しくは、P.55を参照してください。

# 自宅の住所や電話番号を載せても大丈夫？

　店舗を持っている、会社を経営していて事務所があるといった場合は、「特定商取引法」の表示に事業で使っている住所や電話番号をそのまま掲載すればOKです。しかし、自宅で運営を行っているなど、プライバシーが気になり、そのまま掲載するのが難しいケースもあるでしょう。そんな時に使えるのが、「バーチャルオフィス」や「住所貸し」のサービスです。バーチャルオフィスは、実際にその場所で働いていないけれど、住所や電話番号を貸してくれるサービスです。

　バーチャルオフィスには、

・住所のみ貸してくれるところ
・住所＋電話番号を貸してくれるところ
・住所＋電話番号＋スペースを貸してくれるところ

など、さまざまな形態があります。複数のプランを用意しているところもありますので、「バーチャルオフィス」「レンタルオフィス」「貸し住所」などのキーワードで検索してみてください。

　なお、バーチャルオフィスや住所貸しのサービスを利用する際には、審査があります。身分証明書や住民票、印鑑証明などが求められることもあるので、用意しておきましょう。契約するときは、事前に「ネットショップの住所として使いたい」ということを伝えておきましょう。

---

## Point　アプリを使った電話番号発行サービス

普段使っている電話とは別の番号を発行する、アプリのサービスがあります。「050」で始まる番号を取得することができます。予算や使いたい機能に合わせて選んでみてください。

・SMARTalk (開発：Rakuten Communications Corp.)
・050 plus (開発：NTT Communications Corporation)
・SUBLINE PERSONAL (開発：株式会社インターパーク)

# 電話番号の認証って何？　必要なの？

　BASEには、「特定商取引法」の「電話番号」を入力する欄の横に、「電話番号認証」というボタンがあります。これは、実在する電話番号かどうかを確認するために、BASE側から確認の電話がかかってくる(自動音声)システムです。

| | |
|---|---|
| | 〒　162-□ |
| | 東京都　∨ |
| 事業者の所在地 | 新宿区市谷□ |

※ 住所は丁目や番地は省略できません。建物名がある場合は、建物名と部屋番号まで記入してください。
※ こちらの事業者情報はショップページに公開されます。個人の情報掲載が不安な場合は、バーチャルオフィスをご利用ください。ただし、購入者からお問い合わせがあった場合は速やかに住所を開示してください。
詳しくはこちら

| 事業者の連絡先(電話番号) 🄯 | 03　-　1234　-　　　　[電話番号認証] |

**電話番号認証を行う入力項目**

| その他(営業時間・定休日等) 🄯 | 営業時間：　定休日： |

　「電話番号認証」のボタンをクリックすると、入力した電話番号に電話がかかり、自動音声で「4桁の認証番号」が流れてきます。それを所定の画面に入力すれば完了です。BASEでの売上金を自分の口座へ振り込む申請をする際は、「電話番号認証がすんでいること」が必須の条件となっています(P.134参照)。P.108の方法で、必ず認証を完了しておきましょう。認証は050で始まるアプリの電話番号やIP電話でもできますし、SMS機能があれば、それを使って認証することもできます。

4桁の認証番号

# 15 プライバシーポリシーについて理解しよう

★★★ 個人情報の取り扱いについて文書化したのが、「プライバシーポリシー」です。ネットショップを運営する上で必ず必要になるため、内容を把握しておきましょう。

## ✓ プライバシーポリシーって何？

ネットショップで買い物をするときや、インターネットでサービスの契約を行うときなどに、「プライバシーポリシーに同意する」と表示されたことはないでしょうか？ 「同意する」にチェックを入れないと、次の画面に進むことができないようになっています。

プライバシーポリシーは、インターネット上で収集した個人情報 (=プライバシー情報)をどのように扱うかを定めた文書です。収集した個人情報をどの範囲に利用するか、共同で利用する企業はあるか、第三者に提供する場合のルールはどのようになっているか、などが記載されています。「個人情報保護方針」と表記される場合もあります。

ネットショップでは、購入の際に、購入者の氏名や住所、電話番号、メールアドレスなどの個人情報を入力してもらいます。それらの情報をきちんと管理して、保護しておくことを明記し、文書化したものが「プライバシーポリシー」なのです。

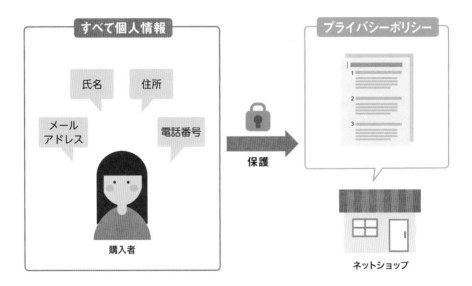

# プライバシーポリシーの確認方法

　プライバシーポリシーの文書は、ネットショップのサービスが用意してくれたものを、そのまま使用します。ゼロから作る必要はありません。ただし、どんなことが書いてあるのか、必ず目を通しておきましょう。

　プライバシーポリシーは、ネットショップのどのページからも確認できます。フッター（ページ下方）にある「プライバシーポリシー」をクリックします。

すると、次のようなプライバシーポリシーの画面が表示されます。なお、BASEで用意されているプライバシーポリシーは、各自で自由に変更することができません。ショップ独自の記載が必要な場合は、特定商取引法のページ（P.72参照）に追記しておきましょう。

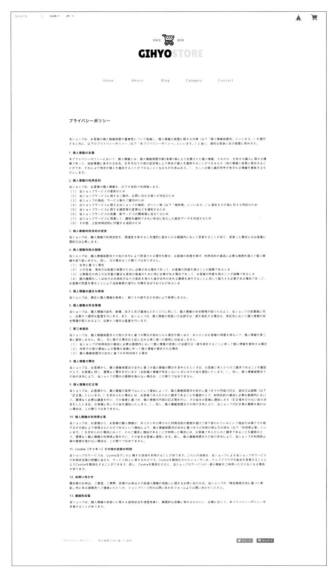

▲ BASE のプライバシーポリシー画面

# 第3章

## ネットショップの作り方
### ～ 8のステップでこんなにかんたん！

この章では、ネットショップの作り方について解説します。BASEの契約方法から基本設定、商品登録、電話番号の認証方法や機能を追加する方法など。一連の作業が完了したら、いよいよ公開します。

# ネットショップ構築の流れを知ろう

第1〜2章では、ネットショップの準備について解説してきました。第3章からは、いよいよネットショップの作成を進めていきます。最初に、全体の流れをつかんでおきましょう。

 **ネットショップ構築は8のステップで！**

ネットショップは、以下の8つのステップで作成していきます。

| ❶アカウントを取得する | ▶ | P.68 |
|---|---|---|
| ❷基本設定をする | ▶ | P.72、P.76 |
| ❸商品を登録する | ▶ | P.82 |
| ❹必要な機能を追加する | ▶ | P.88 |
| ❺送料を設定する | ▶ | P.94 |
| ❻デザインを確認・変更する | ▶ | P.102 |
| ❼電話番号を認証する | ▶ | P.108 |
| ❽ネットショップを公開する | ▶ | P.112 |

# ネットショップの作成に必要なツール・情報

　BASEを使ったネットショップはスマートフォンでも作成できますが、細かい設定を行うにはパソコンが必要になります。そのため、本書もパソコンの画面で解説をしていきます。また、ネットショップを作るにあたって必要なツールと情報を以下にまとめましたので、あらかじめ準備しておきましょう。

## ● 必要なツール
・パソコン
・メールアドレス (Gmail、Yahooメールなどブラウザで受信できるタイプがおすすめ)
・電話 (固定電話、携帯電話、スマートフォンのアプリなど)

## ● 必要な情報
・運営者名 (複数で運営する場合は代表者の名前)
・住所① (公開)
　「特定商取引法に基づく表記」に掲載する情報 (バーチャルオフィスでもOK)
・住所② (非公開)
　「運営者情報」に掲載する住所 (住民票の住所)
・電話番号 (公開)
　「特定商取引法に基づく表記」に掲載する情報。電話番号認証の際にも必要 (自宅、個人以外の番号にする場合はスマホのアプリで別途取得がおすすめ)

---

## Point　BASEの管理画面はとってもフレンドリー

　BASEの管理画面はわかりやすく、親しみやすい構成になっています。初心者向けにガイドを表示する機能もありますので、はじめてネットショップを開設する人にとっても、不安はないかと思います。
　また、ヘルプが充実しているのも特徴です。途中でわからないことがでてきたら、画面右下に出てくる吹き出しアイコンをクリックし、調べながら進めることもできます。

お困りのことがございましたら、こちらの自動案内チャットをご利用ください。

---

# 02 STEP1
## アカウントを取得しよう

BASEでネットショップを作成するには、最初に「アカウント」の取得が必要になります。メールアドレスやパスワードを入力して登録しましょう。もちろん、アカウントの取得は無料です。

## BASEと契約してアカウントを取得しよう

　ネットショップを作成するには、BASEのアカウントを取得する必要があります。事前に登録のためのメールアドレスを用意しておきましょう。インターネットに接続したパソコンを起動して、以降の操作を行います。

**1** ブラウザを起動して、BASEのページ（以下のアドレス）にアクセスします。
**https://thebase.in/**

**2** メールアドレスとパスワードを入力します。パスワードは「英数字6文字以上」というルールになっています。忘れないようにメモしておきましょう。

**3** ネットショップのURLを入力します。URLは、ネットショップのアドレスのことです。英数字で、3文字以上を入力する必要があります。一度決めたURLは変更できませんので、ご注意を！

**4** 吹き出しで「すでに使用されています」と表示された場合、入力したアドレスは使用できません。異なる文字列を入力するか、▼をクリックしてドメインを変更して試してみます。

**5** 吹き出しが表示されなければ、入力したアドレスを利用できます。「無料でネットショップを開く」をクリックします。

**6** 「おめでとうございます！ショップアカウントの登録が完了しました。」という画面が表示されます。

**7** 画面を下にスクロールして、「上記の「誓約書」に同意する。」にチェックを入れ、「上記に同意する」をクリックします。

**8** 左の画面が表示されたら、手順**2**で入力したメールアドレス宛に、「件名：【BASE】仮登録完了／本登録のお願い」というメールが届きます。いつも使っているメールソフトやブラウザで受信しましょう。

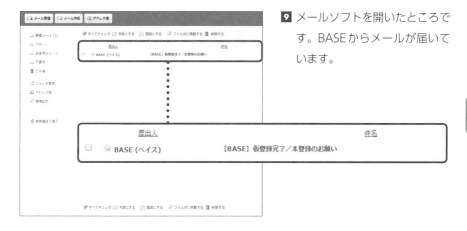

**9** メールソフトを開いたところです。BASEからメールが届いています。

**10** メールに記載されているURLをクリックします。

**11** 「メールアドレスの認証が完了しました。」の画面が表示されたらOKです。次ページへ進みましょう。

# 03 STEP2
# 基本設定をしよう①

BASEのアカウント取得が完了したら、次にネットショップ運営者の基本情報を入力していきます。ここで入力した内容は、「特定商取引法に基づく表記」として表示されます。

## 「特定商取引法に基づく表記」を入力しよう

アカウントを取得できたら、続いてネットショップの基本的な設定を行っていきます。第2章で決めた内容をもとに、必要事項を入力します。ここで入力した内容が、「特定商取引法に基づく表記」(P.58参照) として掲載されます。なお、ここで入力した内容は、すべてあとから変更できます。所在地や電話番号、その他販売のルールなども変更可能なので、安心して進めてください。

1 前ページの「メールアドレスの認証が完了しました。」の画面を下にスクロールして、「入力する」をクリックします。

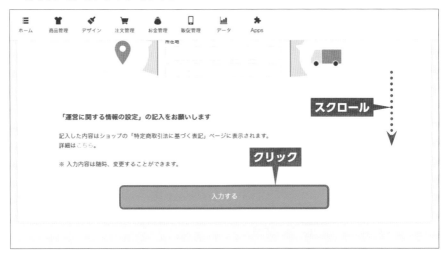

**2** 「特定商取引法に基づく表記の登録」という画面が表示されます。「区分」「事業者の氏名」「事業者の所在地」を入力しましょう。ここで入力した住所は、ネットショップのページ内に公開されます。バーチャルオフィスなどを借りている場合は、その住所を入力しましょう。

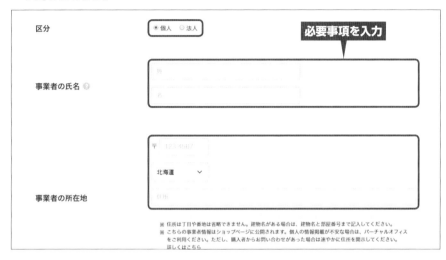

**3** 「事業者の連絡先（電話番号）」を入力します。「電話番号認証」というボタンがありますが、これはP.108で解説します。

**4** 「その他 (営業時間・定休日等)」を入力します。以下に該当する商品を扱う場合は、許認可番号と管理責任者名を記載する必要があります。

- ・**中古品：古物商許可証**
- ・**酒類：通信販売酒類小売免許**
- ・**コンタクトレンズ等：高度管理医療機器等販売業・賃貸業許可証**

**5** 「販売価格について」「代金 (対価) の支払方法と時期」「役務または商品の引渡時期」「返品についての特約に関する事項」を入力します。それぞれの入力項目について、詳しくは第2章で解説しています。

**必要事項を入力**

| | |
|---|---|
| 販売価格について | 販売価格は、表示された金額（表示価格/消費税込）と致します。 |
| 代金(対価)の支払方法と時期 | 支払方法：クレジットカードによる決済がご利用頂けます。支払時期：商品注文確定時でお支払いが確定致します。 |
| 役務または商品の引渡時期 | 配送のご依頼を受けてから5日以内に発送いたします。 |
| 返品についての特約に関する事項 | 商品に欠陥がある場合を除き、基本的には返品には応じません。 |

**6** すべての項目を入力し終わったら、画面一番下の「保存する」をクリックします。

**7** 「特定商取引法に基づく表記」の入力が完了しました。次ページへ進みましょう。

---

**ヒント** ▸ **エラーが出る場合は？**

電話番号が正しくない、あるいは抜けている項目などがある場合は、エラーが表示されます。画面の指示に従って再度入力しましょう。

---

# STEP2
# 基本設定をしよう②

運営者情報を入力し終わったら、次は「お支払い方法」（決済方法）の設定を行います。BASEでは、「BASEかんたん決済」というしくみを利用して決済方法の申請を行います。

## 「BASEかんたん決済」の申請をしよう

「BASEかんたん決済」というしくみを使って、ネットショップの支払方法（決済方法）を設定します。「BASEかんたん決済」について、詳しくはP.36を参照してください。

**1** 前ページからの続きで、「開設ステップ（3/4）お支払い方法を選択しましょう！」の画面が表示された状態です。「選択する」をクリックします。この画面が表示されない場合は、画面左上の「ホーム」をクリックします。

2 「BASEかんたん決済」利用申請の画面が表示されます。最初はすべての項目にチェックが入っていますが、ここでは「後払い決済」のチェックのみを外して、次へ進みます。

---

---

3 屋号を入力します。ここで入力した屋号は、購入者の支払い明細書（クレジットカードの利用明細書など）に記載されます。

**4** 「事業者の氏名（漢字）」「事業者の氏名（カナ）」を入力します。「事業者の氏名（漢字）」には「特定商取引法に基づく表記」で入力した運営者の名前がすでに入力されているので、「カナ」の方を入力しましょう。「事業者の生年月日」も入力します。

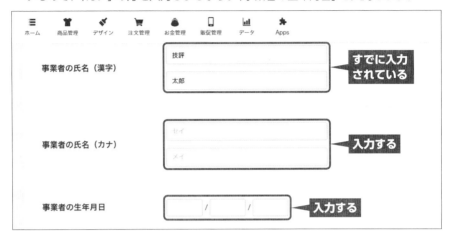

**5** 「お住まいのご住所」を入力します。ここで入力する住所は、個人の場合は住民票に記載されている住所、法人の場合は代表者個人の住所を入力します。この情報は、ネットショップ上には公開されません。

6 「運営ショップのカテゴリ」を設定します。ショップのカテゴリは、3段階まで設定できます。あとで変更可能なので、まずはメインで扱う商材のカテゴリを設定しておきましょう。手順 7 8 の子カテゴリは、設定しなくても構いません。

7 子カテゴリを選択します。

8 さらに子カテゴリを選択します。

---

ヒント　**カテゴリの意味**

ここで設定する「カテゴリ」は、BASEを使って作成されたネットショップ全体の中で、自分のショップがどの分類に入るかを設定するためのものです。P.88で出てくるカテゴリとは意味が異なります。

9 設定が完了したら、「保存する」をクリックします。

10 「開設ステップ(4/4)お疲れ様でした！早速ショップを公開してみましょう。」という
画面が表示されます。ここでは「公開する」にはチェックを入れずに「ショップ設定
へ」をクリックします。次ページへ進みましょう。

---

ヒント　**公開はあとで行う**

手順10の画面で「公開する」にチェックを入れて「ショップで設定へ」をクリック
すると、ネットショップが公開されます。しかし、この段階ではまだ商品登録を
していませんので、正式公開はあとで行うことにします。

## コラム　BASEのかんたん決済申請に問題がある場合

BASEのかんたん決済の申請内容に不備がある場合は、あとから管理画面内に以下の画面のようなメッセージが表示されることがあります。この場合、以下の情報に間違いがないか、ルール通りに入力しているかを確認してみてください。

・氏名の部分に会社名やショップ名を入力している
・漢字で入力する必要がある箇所をカタカナで入力している
・名前の漢字とカナの部分が合っていない
・建物名や部屋番号まで入力していない
・居住地の住所ではなく会社の住所で申請している
・住民票に記載されている住所ではない（海外在住の場合は、日本の住民票に記載されている住所を入力すること）

```
注意
BASEかんたん決済のご利用申請の内容に問題があります

このたびは「BASEかんたん決済」のご利用を申請いただき、ありがとうございました。
弊社にて確認しましたところ、申請内容に不備がございました。
恐れ入りますがご記入内容をご確認のうえ、再度「BASEかんたん決済」のご利用の申請をお願いいたします。
こちらのページから再申請が可能です。

よくある誤りとしては、以下の内容が考えられます。ご参照いただき、正しい情報をご記入ください。

・ 氏名の部分に会社名やショップ名を記入している
・ 漢字で記入する必要がある箇所をカタカナで入力している
・ お名前の漢字とカナの部分が合っていない
・ 建物名や部屋番号まで入力していない
・ お住まいのご住所ではなく会社の住所で申請している
・ 住民票に記載されている住所ではない
　 （海外にお住まいの方は、日本にある住民票に記載されている住所をご記入ください。住民票がない場合、クレジット決済
　 をご利用いただけません）

ご記入いただく個人情報は、BASE社内で個人の確認のために利用させていただくものです。
外部に公開されるものではございませんのでご安心ください。

　　　　　　　　　　　BASEかんたん決済申込画面へ
```

▲ BASE の管理画面に表示されるメッセージ

# 05 STEP3
# 商品を登録しよう

ネットショップの基本設定が終わったら、ネットショップで販売する商品を
登録しましょう。あらかじめ用意しておいた商品画像、説明文、価格、個数
などを入力していきます。

## 販売する商品を登録しよう

　ここではネットショップで販売する商品を、BASEに登録する手順を解説します。あ
らかじめ、商品の説明文や画像などの準備を行っておいてください。

**1** 「商品管理」をクリックします。

**2** 「商品を登録する」をクリックします。

**3** 「商品名」を入力します。商品が売れたときにどの商品か確実にわかるよう、他の商品と重複しない名称にしましょう。

**4** 商品画像を登録します。「画像を選択」をクリックします。

**5** 画像を保存しているフォルダを開いて、登録したい画像を選択し、「開く」をクリックします。

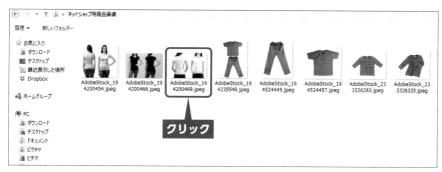

**6** 画像が登録されました。「画像を追加」をクリックすると、画像を追加できます。1商品につき、20枚まで画像を登録することができます。

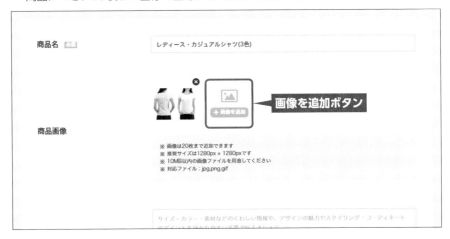

---

**ヒント** **画像の推奨サイズや容量の制限**

アップロードできる画像の形式は、jpg、png、gifの3種類です。容量は1ファイルあたり10MB以内です。推奨の画像サイズは1280px×1280pxですが、縦長、横長の画像もアップロードできます。

---

**7** 「商品説明」に、商品説明文を入力します。

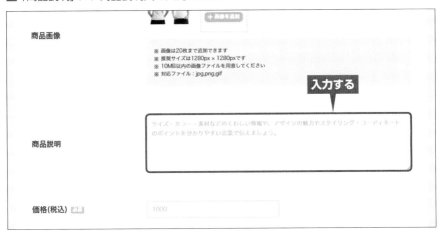

**8** 「価格（税込）」に、商品の価格を入力します。BASEでは、「税込み」の価格を登録します。

**9** 「税率」の設定について、「10%（標準税率）」のままで問題なければそのままでOKです。変更の必要がある場合は、プルダウンメニューで「8%（軽減税率）」を選択します。

**10** 「在庫と種類」で、在庫の個数を入力します。

⓫ 必要に応じて、「種類を追加する」をクリックします。「種類」欄が新しく表示されるので、同じ商品、同じ値段で、「サイズ違い」や「色違い」などのバリエーションがある場合は設定します。

⓬ 「表示・公開」の設定をします。登録した商品を一番上に表示したいときは、「一番上に表示」のチェックを入れたままにします。そうでない場合は、チェックを外します。また、最初は「公開する」にチェックが入っていますが、まだ公開したくない場合は「公開する」のチェックを外しておきます。

**13** 「登録する」をクリックします。

**14** 商品の登録が完了しました。以降はこの画面に、登録した商品が並びます。商品を登録したり、登録内容を修正したりする場合は、「商品管理」をクリックしてこの画面に移動します。

---

### Point たくさんの商品を一括で登録できる

商品がたくさんある場合は、ここまでに解説した操作を1つ1つ行うのは面倒です。その場合、所定の形式で商品一覧のファイルを作成することで、多くの商品を一括登録することができます。詳しくは、P.218で解説しています。

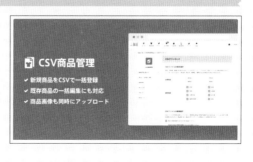

# 06

## STEP4
## 機能を追加しよう

ここまでは、BASEの基本的な機能のみを使って設定を行ってきました。これにAppsというツールを追加することで、いろいろな機能をかんたんに増やしていくことができます。

## 「Apps」って何？

　ここまでは、BASEの基本機能のみを使ってネットショップを作成してきました。しかし、「商品をカテゴリごとに分けて登録したい」「全国一律の送料ではなく、地域ごとに細かく登録したい」などといった要望がある場合、基本の機能だけでは対応ができません。そこで追加のツールである「Apps」を使って、必要な機能を追加していきます。ここでは、Appsを追加し、商品のカテゴリを作成する手順を解説します。

▲ BASE はあとからさまざまな機能を追加できる

**1** 「Apps」をクリックします。

**2** Appsの画面が表示されます。「キーワード」に「カテゴリ」と入力し、「検索」をクリックします。

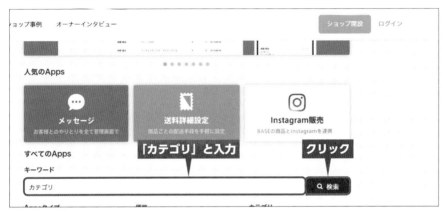

**3** 下にスクロールすると、Appsの検索結果が表示されます。「カテゴリ管理」をクリックします。

**4** 左側に表示される「インストール」をクリックします。

**5** 「カテゴリ管理」がインストールされ、カテゴリの設定画面が表示されます。「大カテ
ゴリ」「中カテゴリ」「小カテゴリ」の3段階まで登録が可能です。「＋大カテゴリ追加」
をクリックします。

**6** カテゴリ名を入力します。

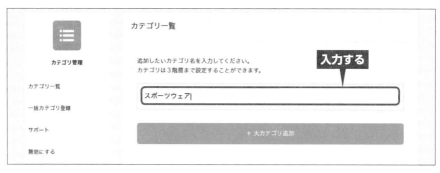

**7** [Enter] キーを押すと、カテゴリが登録されます。

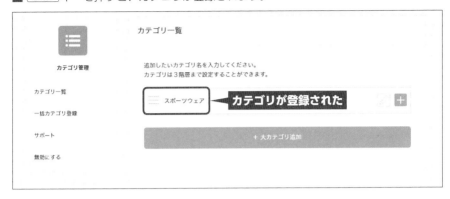

**8** 次に「中カテゴリ」を登録します。右側の「+」をクリックします。

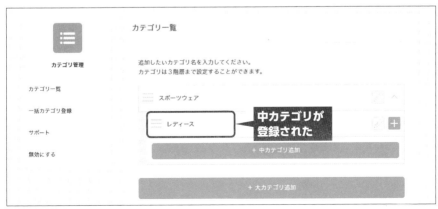

**9** 同様にカテゴリの名前を入力して、[Enter] キーを押します。

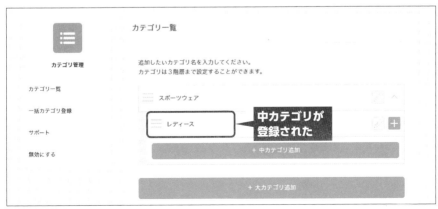

**10** さらに下層の「小カテゴリ」を登録します。右側の「+」をクリックします。

**11** 同様に、名前を入力して Enter キーを押します。

🔢 同様の方法で、必要なカテゴリを追加していきます。

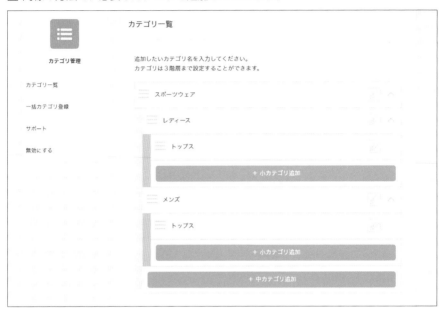

別の操作を行ったあとに再度「カテゴリ管理」の画面を表示して設定を行うには、上部のメニューバーで「ホーム」をクリックし、画面を下にスクロールします。「利用中のApps」の一覧が表示されるので、「カテゴリ管理」をクリックします。すると、設定画面が表示されます。

---

## Point　複雑なカテゴリ登録もできる

BASEの「カテゴリ管理」機能では、大カテゴリの下に複数の中カテゴリを作成し、さらにその下に複数の小カテゴリを作成するなど、複雑な登録をすることもできます。ただし重要なのは、閲覧者にとって商品を探しやすいかどうかです。カテゴリ分けする目的をしっかり考え、適切なカテゴリ設定を行ってください。複雑な分類が必要ない場合は、大カテゴリ3〜4程度と、シンプルな構成でよい場合もあるでしょう。

---

# 07 STEP5
# 送料を設定しよう

商品の配送に欠かせないのが「送料」です。BASEでは、全国一律で同じ送料を設定する方法と、地域ごとに送料を分けて設定する方法の2種類から選択することができます。

## 送料が全国一律の場合の設定

全国一律で同じ送料を設定する場合は、以下の手順で設定を行います。

**1** 右上のボタンをクリックし、「ショップ設定」をクリックします。

**2** ショップ設定の画面が表示されるので、下にスクロールします。

**3** 「ショップの送料」に、送料を入力します。

| メインSNS | 表示しない ∨ |
| --- | --- |
| | ※ この機能は、スマートフォン用のデフォルトテーマのみの提供となります。 |
| ショップの送料 | 650 　　円 　━ **送料を入力** |
| デフォルト税率 | 10%（標準税率）　　∨ |

保存する

**4** 「保存する」をクリックします。これで送料が設定されました。

| | 👤 Ameba | Ameba ID |
| --- | --- | --- |
| メインSNS | 表示しない ∨ | |
| | ※ この機能は、スマートフォン用のデフォルトテーマのみの提供となります。 | |
| ショップの送料 | 650　　円 | |
| デフォルト税率 | 10%（標準税率）　　∨ | |

保存する　━ **クリック**

---

**ヒント** **送料は自動で加算される**

ここで設定した送料は、商品決済時に自動で合計金額に加算されます。

---

## 送料が地域ごとに異なる場合

地域ごとに異なる送料を設定する場合は、「送料詳細設定」Appsをインストールして設定を行います。

**1** 「Apps」をクリックします。

**2** 「キーワード」に「送料」と入力し、「検索」をクリックします。

**3** 画面下に検索結果が表示されます。「送料詳細設定」をクリックします。

**4** 「インストール」をクリックします。

**5** 「送料詳細設定」がインストールされます。「配送方法を追加」をクリックします。

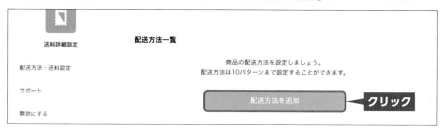

**6** 配送方法を「ヤマト宅急便」「ゆうパック」「レターパック」「定型外郵便」「宅急便コンパクト」「スマートレター」の中から選択します。「次へ」をクリックします。

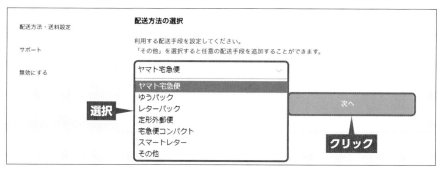

---

ヒント　**その他の配送方法**

メニューの中に希望の配送方法がない場合は、「その他」を選択し、任意の配送方法を入力します。

**7** 「地域別に設定」をクリックします。

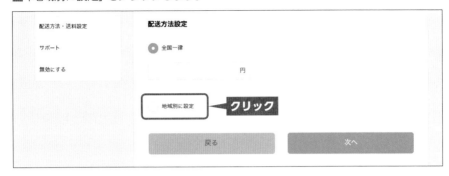

**8** 地域ごとに送料を設定できる画面が表示されます。北海道から沖縄まで、個別に送料を設定しましょう。「県別」を選択して都道府県ごとに設定することもできますし、「エリア一律」を選択して東北や関東一律のようにエリアごとに設定することもできます。

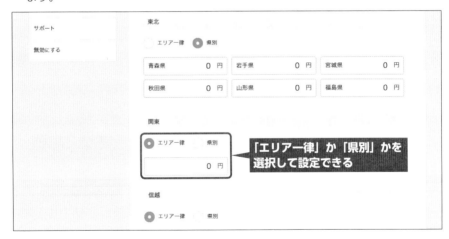

**9** 入力し終わったら、「次へ」をクリックします。

🔟 送料の対象となる商品を設定します。商品ごとに送料を分ける必要がなければ、「登録されている全商品（○件）に適用」をクリックします。

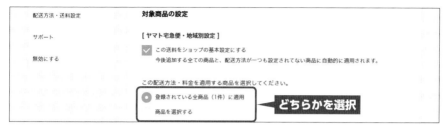

---

**ヒント　商品ごとに送料を設定する**

商品ごとに送料を設定する場合は、「商品を選択する」をクリックして設定を行います。

---

🔟🔟 「設定を保存」をクリックします。

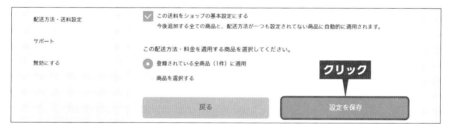

🔟🔟 地域ごとの送料の設定が完了しました。

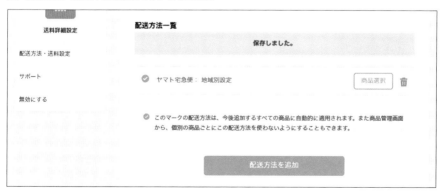

送料無料の設定をしよう

　ネットショップで、「○○円以上の購入で送料無料」といった表記を見かけたことは
ないでしょうか？　BASEでは、一定金額以上の購入で送料を無料にする設定ができま
す。

**1** 「送料詳細設定」の画面を下にスクロールすると、「送料無料設定」の項目が表示され
ます。「変更する」をクリックします。

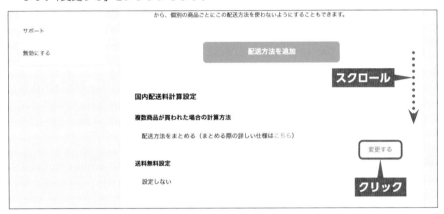

**2** 金額を入力し、「保存する」をクリックします。これで、入力した金額以上の購入で、
送料が自動で無料になります。

## コラム　Appsで設定した内容を変更しよう

Appsで設定した内容は、あとから変更することができます。以下の手順で「利用中のApps」を表示し、設定を変更したいAppsを選択します。

**1** ホームをクリックします。画面を下にスクロールすると、「利用中のApps」が表示されます。追加したAppsはすべてここに表示されます。また、上部のメニューバーの「Apps」をクリックして、「利用中のApps」の一覧を表示することもできます。

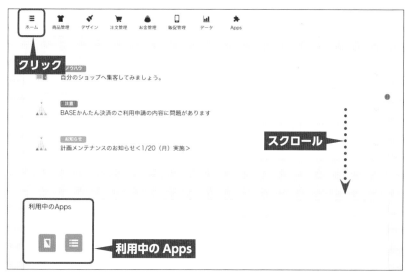

**2** 設定を変更したいAppsのアイコンをクリックします。

今後、追加したどのAppsも、同様の手順で登録内容を変更することができます。必要に応じて、修正しながら運用していきましょう。Appsはこの他にもたくさんあります。詳しくは第6章で解説していますので、参考にしてください。

# STEP6
# デザインを確認・変更しよう

商品登録や設定などを一通り行ったら、ネットショップのデザインを確認してみましょう。ショップ名の変更やタイトルロゴの設定、背景色の変更などができます。

## ネットショップのデザインを確認しよう

初期設定や商品登録がひと段落すると、自分のネットショップがどんな表示になっているのか気になりますよね。ショップを非公開にしたまま確認する場合は、「デザイン」の画面を使用します。

**1** 上部のメニューバーから「デザイン」をクリックします。

**2** 「デザイン」の画面が表示され、ショップのデザインを見ることができます。

## ショップの名前を変更しよう

ネットショップの店名は、自動的に初期設定されたものになっています。これを変更してみましょう。

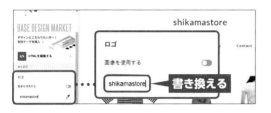

**1** 「デザイン」の画面を表示し、左サイドバーの「ロゴ」の文字列を書き換えます。

**2** ショップ名が変更され、デザインにも反映されました。

## ロゴ画像を設置しよう

ネットショップのロゴ画像がある場合は、以下の手順で設置します。

**1** 左サイドバーの「画像を使用する」のボタンをクリックして、オンにします。

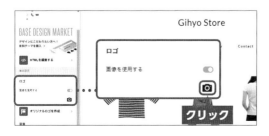

**2** カメラのアイコンをクリックします。

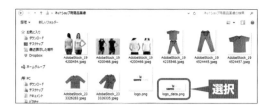

**3** ファイル選択の画面が表示されるので、ロゴ画像を選択します。「開く」をクリックします。

**4** ロゴ画像が設定されました。

 ## 背景の色を変更しよう

ネットショップの、背景の色を変更することができます。

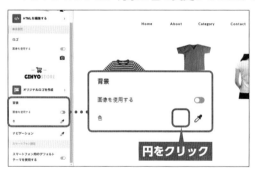

**1** 「デザイン」の画面を表示し、「背景」の項目で「色」の横に表示されている円をクリックします。

---

ヒント | **背景の「円」が見つからないときは**

「背景」の「色」の右側にある円の色は、現在のデザインの背景に設定されている色になっています。背景が白い場合、この円の色も白くなっているため、どこに円があるかわかりにくくなっています。マウスポインターを動かして、クリックできる場所を探しましょう。

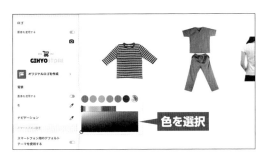

2 色の候補が表示されるので、好みの色をクリックします。

3 背景色が変更されました。

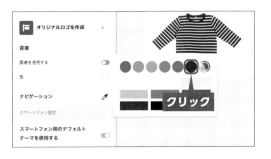

4 もとの白に戻したいときは、「黒」の円をクリックします。

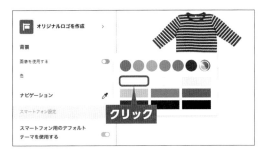

5 続いて「白」をクリックします。これで、白い背景に戻ります。

105

# ナビゲーションの色を変更しよう

　ナビゲーションとは、ロゴの下に配置されているメニューボタンのことです。このナビゲーションの文字色を変更することができます。

**1** 左サイドバーの「ナビゲーション」横の円をクリックします。

**2** 背景のときと同様、好きな色を選択します。

**3** ナビゲーションの色が変更されました。

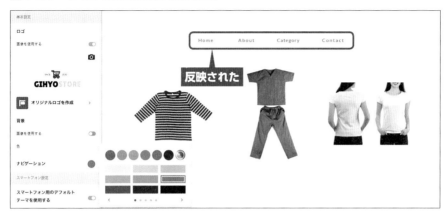

反映された

 ## デザイン画面を終了しよう

デザインの設定が終わったら、左上の「保存」をクリックします。続いて「終了」をクリックすると、「ホーム」画面に戻ります。

❷終了をクリック ❶保存をクリック

---

ヒント **デザインも変更できる**

「デザイン」の画面では、「テーマ」と呼ばれるテンプレートを変更することで、見栄えをガラっと変えることができます。詳しくはP.200で解説します。

# STEP7
# 電話番号認証をしよう

ネットショップを正式に公開する前に、「電話番号認証」をしておきましょう。認証を行うことで、「電話番号認証マーク」がショップに表示されるようになり、信頼できるショップという印象を持ってもらうことができます。

## 電話番号認証が必要な理由は2つ

電話番号認証は、そのネットショップのオーナーがあなたであることを確認するための手続きです。電話番号認証をしなくてもネットショップの公開は可能ですが、以下の2つの理由で、電話番号認証を行うことをおすすめします。

 ①電話番号認証マークがつく

電話番号認証を行うと、「特定商取引法に基づく表記」に「認証済み」マークが表示されます。お客様に、「信頼できるショップ」という印象付けをすることができます。

| Category カテゴリー | 特定商取引法に基づく表記 |
|---|---|
| » セミナー | **事業者の名称** |
| » 教材 | 志鎌真奈美 |
| » コンサルティング | |
| » サービス | **事業者の所在地** |
| | 郵便番号 ： 1030027 |
| Guide ご利用ガイド | 住所 ： 東京都東京都中央区日本橋2-1-17 |
| | 認証済みのマークがつく |
| » Shikama.net Storeについて | **事業者の連絡先** |
| » お問合せ | |
| » プライバシーポリシー | 電話番号 ： 　　　　644　✓認証済み |
| » 特定商取引法に基づく表記 | 営業時間：9時〜17時　定休日：土・日・祝 |
| | ※夏季休業、冬季休業あり |
| Link リンク | **販売価格について** |

## ②振込申請のため

ネットショップで売れた商品の売上は、いったんBASEの口座に入金されます。一定の日にちを経た上で、運営者がBASEに自分の口座への振込申請を行うことで、売上が運営者のもとに届くという流れになっています。この振込申請を行う際に、「電話番号認証」が必須となっているのです。「電話番号認証」をしておかないと、いくら売上があがっても、自分の口座に入金してもらえません。なお、認証に使用する電話番号は「特定商取引法に基づく表記」の電話番号と一致していなくてもかまいません。認証時に、その場で受信できる電話番号であればOKです。

## 電話番号認証をしよう

以下の手順で、電話番号認証をしましょう。認証する番号は、固定電話、携帯電話のどちらでもOKです。また、IP電話や050で始まる番号でも大丈夫です。

**1** BASEの管理画面で右上のボタンをクリックし、「ショップ設定」をクリックします。

**2** 「運営に関する情報の設定」をクリックします。

**3** 「事業者の連絡先(電話番号)」の横にある「電話番号認証」をクリックします。

**4** 「電話で認証」もしくは「SMSで認証」のどちらかをクリックします。

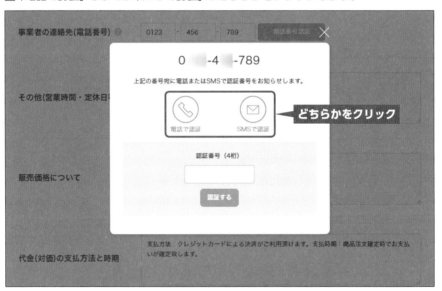

---

**ヒント** 「電話で認証」と「SMSで認証」

「電話で認証」を選択すると、登録した番号に電話がかかってきて自動音声で4桁の番号が読み上げられます。「SMSで認証」を選択すると、携帯電話の番号を登録した場合にSMS(ショートメール)で4桁の番号を受け取ることができます。

**5** 電話（もしくはSMS）で読み上げられた4桁の番号を画面に入力します。「認証する」をクリックします。

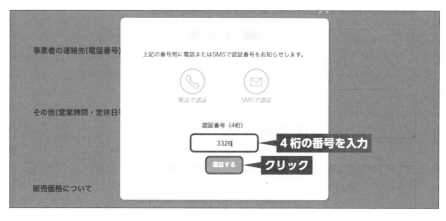

**6** 認証が完了しました。正式オープンまであとひと息です！

---

### Point　電話番号認証がうまくいかないときは

電話番号認証をする際は、「非通知」設定で電話がかかってきます。受信する電話に「非通知拒否」の設定をしていると認証の電話が受け取れないので、解除しておきましょう。また「SMS認証」は、SMSが受信可能な端末でのみ利用可能です。契約内容や端末の設定を確認してください。

---

# 10 STEP8 ネットショップを公開しよう

初期設定や商品登録などが完了したら、いよいよネットショップを正式にオープンしましょう！ ここではオープン前に必要な公開前の設定と、ページの確認方法について解説します。

## ネットショップの公開・確認をしよう

ここまで完了したら、あとは公開の設定をするだけです。以下、手順を解説します。

**1** 管理画面の右上のボタンをクリックし、「ショップ設定」をクリックします。

**2** ショップ設定の画面が表示されます。「ショップ名」と「ショップの説明」を入力します。

**3** 「公開する」にチェックを入れます。

**4** 画面下までスクロールし、「保存する」をクリックします。

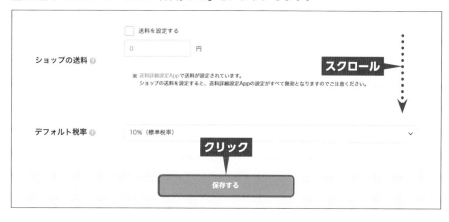

**5** 画面の上部まで戻り、「ショップURL」のリンクをクリックします。

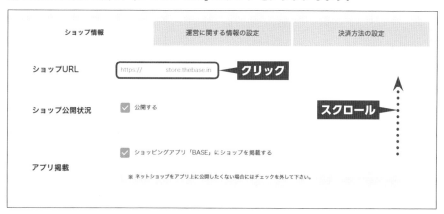

**6** ネットショップが正式に公開されていることが確認できました。

7 公開されていない状態では、左のような表示になります。

---

 ## ネットショップの各ページを確認してみよう

公開できたら、トップページ以外のページも確認してみましょう。ページ上部のナビゲーションバーで各項目をクリックします。

◀ ナビゲーションバー

◀ About ページ

◀ Category ページ

◀特定商取引法に基づく表記

BASEの「ショップ設定」画面には、SNSのアカウントを登録できる画面があります。あとからでよいので、設定しておきましょう。

右上のボタンから「ショップ設定」をクリックします。「ショップ情報」の画面を下にスクロールするとInstagramやTwitterなどのアカウントを登録できる欄があります。各SNSの導入方法は第5章で解説していますので、参照してください。

# 第**4**章

## ネットショップの運営
### 〜ご心配なく！やるべきことはたったコレだけ

この章ではネットショップの運営について解説します。ネットショップに登録した商品が売れたら、入金確認、商品の梱包、納品書の印刷、配送の手配、発送の作業を行います。一連の流れを理解しておきましょう。

# 01 商品の注文から配送までの流れを知ろう

★ ★ ★ ついに商品が売れた！「あれ…？次にやることは何だっけ？」とならないように、ネットショップで商品が売れたあとの流れを覚えておきましょう。

 ## ネットショップ運営の8つのステップ

ネットショップの作成が終わると、次は「運営」の段階に入っていきます。注文を受けて、入金の確認、発送など、以下の8つのステップで運営します。

|  |  |
|---|---|
| ❶メールでお知らせが届く | P.120 |
| ❷管理画面へログインする | P.121 |
| ❸入金を確認する | P.122 |
| ❹発送の準備をする | P.124 |
| ❺商品を発送する | P.128 |
| ❻発送完了メールを送る | P.129 |
| ❼売上を確認する | P.132 |
| ❽BASEに振込を申請する | P.134 |

## 紙面版 電脳会議 DENNOUKAIGI 一切無料

# 今が旬の情報を満載してお送りします！

『電脳会議』は、年6回の不定期刊行情報誌です。A4判・16頁オールカラーで、弊社発行の新刊・近刊書籍・雑誌を紹介しています。この『電脳会議』の特徴は、単なる本の紹介だけでなく、著者と編集者が協力し、その本の重点や狙いをわかりやすく説明していることです。現在200号に迫っている、出版界で評判の情報誌です。

# 毎号、厳選ブックガイドもついてくる‼

『電脳会議』とは別に、1テーマごとにセレクトした優良図書を紹介するブックカタログ（A4判・4頁オールカラー）が2点同封されます。

# 電子書籍を読んでみよう！

## 技術評論社 GDP 検索

と検索するか、以下のURLを入力してください。

## https://gihyo.jp/dp

1 アカウントを登録後、ログインします。
【外部サービス（Google、Facebook、Yahoo!JAPAN）でもログイン可能】

2 ラインナップは入門書から専門書、趣味書まで 1,000点以上！

3 購入したい書籍を <kbd>カート</kbd> に入れます。

4 お支払いは「**PayPal**」「**YAHOO!ウォレット**」にて決済します。

5 さあ、電子書籍の読書スタートです！

## ①メールでお知らせが届く

BASEで作成したネットショップに注文が入ると、メールでお知らせが届きます。メールの文面で購入された商品名や点数、合計の購入金額などはわかりますが、購入者名や発送先の住所など、個人情報に関する項目については不明です。

## ②管理画面へログインする

詳しい注文情報を確認するため、管理画面へログインします。

## ③入金を確認する

管理画面にログインできたら、詳しい注文情報と、入金されたかどうかを確認します。決済方法によっては、入金までにタイムラグがあるものもあります。期日までに入金されなかったものについては、BASEが自動で催促したり、自動でキャンセルするしくみになっています。

## ④発送の準備をする

入金が確認できたら、商品を発送する準備に入ります。商品はもちろん、梱包資材や納品書などが必要になります。

## ⑤商品を発送する

商品の梱包がすみ、発送準備ができたら、宅配便などの配送会社に依頼し、発送を完了します。

## ⑥発送完了メールを送る

発送が完了したら、管理画面にログインし、発送したことを購入者にメールでお知らせします。

## ⑦売上を確認する

売上の一覧を表示し、入金状況や詳しい注文内容を確認します。

## ⑧BASEに振込を申請する

一定の日数がたつと、売上を自分の口座に入金できるようになります。BASE側に入金申請依頼の手続きをして、はじめて入金になります。初回の申請時に、銀行口座の登録が必要です。振込の金額は、商品の売上から所定の手数料が引かれて入金されます。

# 02 注文が入ったら管理画面で確認しよう

 注文が入ると、BASEから、商品が購入されたことを知らせるメールが届きます。注文が入ったときのメール通知の内容と、管理画面の確認方法を押さえておきましょう。

## 商品が購入されるとメールで通知が届く

注文が入ると、以下のようなメールがBASEから届きます。メールのタイトルは「商品購入通知：BASEショップにて商品が購入されました。」です。この時点でわかるのは、購入された商品、個数、決済方法、購入者のメールアドレスなどです。購入者の詳しい情報は、メール上ではわかりませんので、管理画面にログインして確認する必要があります。

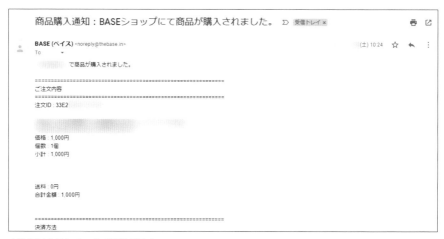

▲注文が入るとメールで通知が届く

---

**ヒント　購入通知のメールが届かない？！**

購入されたはずなのにBASEから通知が届かない場合は、迷惑メールフォルダなどに分類されていないか確認してみましょう。

---

120

# 管理画面にログインしよう

通知のメールが届いたら、管理画面にログインし、購入情報の詳細を確認しましょう。

**1** BASEから届いた通知メールに記載されているURLをクリッククします。

**2** ログイン画面が表示されます。メールアドレスとパスワードを入力し、「ログインする」をクリックします。

**3** 「注文詳細」の画面が表示されます。注文内容や購入者の情報を確認することができます。

# 03 入金を確認しよう

★★★ 注文が入っていることを確認できたら、すぐに発送するのではなく、まずは
入金があったことを確認します。確認できるタイミングは、決済方法によっ
て異なります。

##  入金のタイミングは決済方法で変わる

決済方法には、商品が購入されたタイミングですぐに入金が確認できるものと、少し
時間をおいてから入金が確認できるものがあります。いずれの場合も、入金が確認でき
てから発送の準備に入ります。

なお、「後払い決済」の場合は、購入者に商品が到着してからの支払いになります。
購入時にBASE側が顧客の審査を行い、過去にキャンセルや商品代金未払いがないかを
確認します。「後払い決済」は、この審査を通った人しか利用できません。

| すぐに入金を確認できる | すぐに入金を確認できない |
|---|---|
| ・クレジットカード決済<br>・キャリア決済<br>・PayPal決済 | 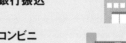・銀行振込<br><br>・コンビニ<br>　（Pay-easy） |

・BASEから入金の通知
・管理画面に
　ログインして確認

商品の梱包・発送準備へ

すぐに入金を確認できる場合

　クレジットカード決済、キャリア決済、PayPal決済、後払い決済の場合は、注文管理画面に「未対応」と表示されます。これは発送処理が「未対応」という意味なので、すでに入金が行われているということです。商品発送の準備に進みましょう。

 すぐに入金を確認できない場合

　銀行振込、コンビニ (Pay-easy) で決済された場合は、注文管理画面に「入金待ち」と表示されます。銀行振込は、入金されてから確認までに2〜3日かかります。また、注文日から5営業日以内に入金がない場合、BASEから催促が行われます。それでも支払いがない場合、自動で購入がキャンセルとなります。コンビニ (Pay-easy) も、銀行振込と同じように、入金の確認までにタイムラグがあります。

# 04 発送時に必要なものを準備しよう

入金が確認できたら、商品を発送する準備をしましょう。破損などのないよう梱包材で商品をしっかりと保護し、納品書なども忘れずに同梱するようにしましょう。

## 商品発送に必要なものはこれだけ！

　入金を確認できたら、商品発送の準備をしましょう。注文から、遅くとも1週間以内に発送するようにします。商品の発送で最低限必要になるのは、以下の3点です。

### ①商品

　当たり前ですが、商品を用意します。発送前に、注文された個数と発送する個数が合っているか、色やサイズの間違いはないか、商品に汚れや破損がないかなどを、しっかり確認しましょう。

### ②梱包材・箱など

　梱包するときに必要な箱や袋、資材を用意します。基本的には第2章で決めた梱包やラッピングの内容にそって資材を準備していけばOKです。とはいえ、思っていたより多くの個数の注文が入り、準備していた袋に入らないなど、想定外のことが発生することもあります。臨機応変に対応しましょう。

### ③納品書

　BASEの管理画面から、納品書を印刷します。「納品しました」という意思表示になる他、注文された商品と発送された商品が一致しているかなどを確認するための書類にもなります。詳しくは次ページで解説しています。

## 納品書を印刷しよう

商品に同梱して送る納品書は、BASEのAppsから機能を追加して印刷することができます。

**1** 納品書の印刷は、Appsで機能を追加して行います。「Apps」をクリックし、「納品書」というキーワードを入力して検索します。

**2** 「納品書ダウンロード」をクリックします。

**3** 「納品書ダウンロード」画面が表示されたら、「インストール」をクリックします。

**4** 「注文管理」をクリックし、注文管理画面で注文者の名前をクリックします。

**5** 注文詳細画面が表示されます。画面を下にスクロールして、「納品書をPDFで確認する」をクリックします。

**6** PDF形式の納品書が表示されます。プリンターで印刷して、商品と一緒に梱包しましょう。

 **商品の梱包準備をしよう**

　同梱するものが準備できたら、商品を梱包しましょう。次の手順で準備を行います。梱包の種類や緩衝材の詳細についてはP.38で解説していますので、参考にしてください。

## 1.梱包する箱・袋、資材などを用意

商品を入れるための袋や箱、そして商品を包むためのエアキャップやクッション材などを用意します。

## 2.商品の最終チェック

商品に傷がないか、取れている部品はないか等状態のチェックをする他、色やサイズが合っているかも確認しましょう。

## 3.エアキャップなどの緩衝材で商品を包む

エアキャップや緩衝材などで商品を包みます。ギフト商品の場合は、リボンやギフト用ラッピングを行います。

## 4.商品を箱や袋へ詰める

商品を包み終わったら、箱や袋へ入れます。同梱物に対して箱が大きすぎると、不安定になりますので、可能であればサイズが合うものを選びます。

## 5.同梱物を入れる

納品書やその他の必要な書類を入れます。書類はひとまとめにして封筒に入れると、中でバラバラになるのを防ぐことができます。余裕があれば、メッセージカードや別商品の販促チラシも入れておきましょう。

## 6.伝票、宛名書き

商品を発送するための伝票に、必要事項を記載します。宅配業者にお願いすると、依頼主の住所や名前が入った状態のものを持ってきてくれる場合があります。配送番号がある場合は、メモしておきます。

---

### Point ていねいな梱包を心がけて！

購入していただいた商品を無事にお客様の手元に届けるためには、梱包が大切になります。特にエアキャップや緩衝材などを効果的に使用し、ていねいな梱包を心がけてください。

---

# 商品を発送しよう

発送の準備が整ったら配送会社へ依頼し、商品を届けてもらう手配をしましょう。発送と同時に「発送完了メール」を送る必要があるので、手順を押さえておいてください。

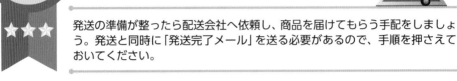

## 商品を発送しよう

　発送の準備が整ったら、配送会社へ荷物集荷を依頼する手配をしましょう。また、配送が完了したあと、顧客に「発送完了メール」を送る必要があります。

　郵便ポストから投函して送るタイプのもの以外は、配送会社へ手配することになります。荷物集荷手続きの際に、「配送番号（追跡番号）」が発行されるので、必ず控えておきましょう。発送完了メールを送るときに使います。

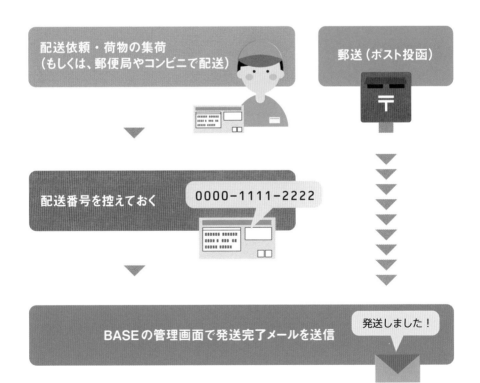

配送依頼・荷物の集荷
（もしくは、郵便局やコンビニで配送）

郵送（ポスト投函）

配送番号を控えておく　　0000-1111-2222

BASEの管理画面で発送完了メールを送信

発送しました！

発送完了メールを送ろう

　商品の発送を終えたら、BASEの管理画面から発送完了のメールを送りましょう。この時、配送番号のある配送方法の場合は、必ずメールで連絡するようにします。配送番号は、「伝票番号」や「追跡番号」とも呼ばれ、特定の郵便物や宅配便に振り分けられた識別番号です。この番号によって、発送物が今どこにあるかを確認できます。

▲ヤマトの配送番号確認画面

**1** BASEの管理画面にログインし、「注文管理」をクリックします。

**2** 集荷手続きが完了した項目の注文者名をクリックします。

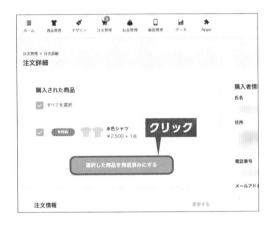

**3** 注文詳細画面が表示されるので、下にスクロールします。「選択した商品を発送済みにする」をクリックします。

**4** 発送完了メールを送信する画面が表示されます。「配送業者」を選択し、「伝票番号」に配送番号（追跡番号）を入力します。配送番号がない配送方法の場合は、空欄のままにします。

**5** 「テンプレートを利用しない」
をクリックし、「テンプレート
1」をクリックします。

**6** 「メッセージテンプレート編集」
画面が表示されます。文面の変
更があれば、追加・削除を行い
ます。編集が完了したら、「保
存する」をクリックします。

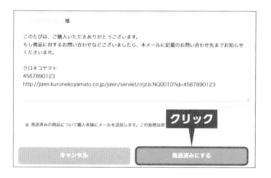

**7** 「発送済みにする」をクリック
します。顧客宛に発送完了メー
ルが送られます。

---

| Point | 発送完了メールの手続きをしないと売上は確定しない |

商品を発送したら、必ず発送完了メールを送る手続きをしましょう。この手続き
をしないと、最終的な売上が確定しません。また、発送完了メールを送らないと、
仮に商品を発送していたとしても、BASE側から管理者宛てに「発送の準備はでき
ていますか？」と催促のメールが届きます。

# 06 売上を管理しよう

BASEには、商品の売上を一覧で管理できるページがあります。表示の仕方や見方を覚えておきましょう。

## BASEで売上の一覧を表示させよう

BASEには、売上の一覧を表示できる「お金管理」という画面があります。表示し、内容を確認しましょう。

**1** BASEの管理画面にログインし、「お金管理」をクリックします。

**2** 入金状況の一覧が表示されます。売上が確定したものは、ここに記載されます。過去に、自分の口座に振込申請をしたものについても、表示されます。

## 注文の詳細を確認しよう

「お金管理」の画面から、各注文内容の詳細を確認することができます。

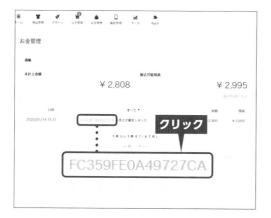

**1** 「お金管理」の画面で、記載されている番号をクリックします。

**2** 注文詳細ページが表示され、詳しい注文内容を確認することができます。

---

**Point** **手数料が引かれた額が表示される**

お金管理のページに表示される売上確定の金額は、BASEかんたん決済手数料およびサービス利用料が差し引かれた額になっています。各手数料の詳細はP.136で解説しています。

# 07 自分の口座に入金しよう

発送作業が無事完了し、売上が確定したら、自分の口座に売上を入金する手続きをしましょう。用意するのは、自身の銀行口座です。あらかじめ「電話番号認証」を行っておく必要があります。

 ## 自分の口座に入金するための手続きをしよう

前ページで解説したように、ネットショップで販売した売上は、BASEの管理画面で確認できます。この段階では、売上はまだ振り込まれていません。これを自分の口座に入金するには、「振込申請」という手続きが必要になります。なお1回に申請できる金額は、751円以上100万円未満です。振込予定日は、申請日から10営業日後（土日祝を除く）です。

また、振込申請を行うには、P.108の方法で「電話番号認証」を行っておく必要があります。必ず「電話番号認証」を行った上で、以降の操作を行いましょう。

**1** 「お金管理」をクリックします。お金管理の画面が表示されるので、「振込申請をする」をクリックします。

**2** 銀行口座を登録する画面が表示されます。必要事項を入力します。

**3** 「振込申請金額」に、口座に振り込んでもらう金額を入力します。売上確定金額から、所定の振込手数料を引かれた額が振込可能な金額として表示されています。振込金額を入力したら、「申請する」をクリックします。

**4** 申請が完了しました。次回の振込申請の際には、このときに入力した銀行口座が登録されています。

---

### Point 振込申請は180日以内に！

BASEのルールにより、注文された商品が発送されてから180日以内に振込申請を行うことになっています。申請期限を過ぎた場合、BASEが定めた条件を満たすショップに限り自動で振込されますが、条件を満たさないショップの場合、売上が失効してしまうこともあります。詳しくは、BASEの規約を確認してください。
**https://thebase.in/pages/term2/201911**

---

# 振込手数料について覚えておこう

　BASEでは、振込申請をする際に以下の手数料が差し引かれて入金されます。実際に振り込まれる金額は「振込申請額－事務手数料－振込手数料」となるので、覚えておきましょう。また振込を申請できる売上確定金額は、すでにBASE既定の決済手数料が引かれた金額が表示されています。

### 🔍 事務手数料

　振込金額に応じて必要になる手数料です。振込金額が2万円以上であれば、事務手数料は無料になります。ある程度申請額が上がってから申請した方が得になります。

> **2万円未満の場合、事務手数料は500円。2万円以上の場合、事務手数料は0円**

### 🔍 振込手数料

　金額に関わらず、必ず必要になる手数料です。　　一律250円

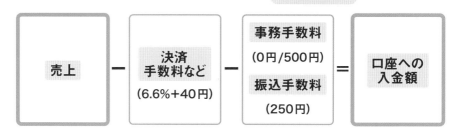

 # 計算例

　実際に入金される金額は、商品の売上金から、決済手数料、事務手数料（振込金額が2万円未満の場合）、振込手数料が引かれた金額になります。以下に2つの例を使った計算式をご紹介します。

**①11,000円の商品を1つ販売し、振込申請を行う場合**

> 11,000円 － （11,000 × 0.066 ＋ 40円） － 500円 － 250円 ＝ 9,484円

**②11,000円の商品を3つ販売し、振込申請を行う場合**

> 33,000円 － （33,000 × 0.066 ＋ 40円） － 0円 － 250円 ＝ 30,532円

# 第5章

## ネットショップの集客
### ～ファンを集めてどんどん買ってもらおう！

この章では、ネットショップの集客について解説します。ネットショップを作っただけではお客様は来ません。人気のSNSツールの導入方法や、動画の掲載方法など、さまざまな方法を紹介していきます。

# ネットショップ集客の基本を知ろう

ネットショップが正式にオープンしたら、ショップに来てもらえるように宣伝していきましょう。この章では、主にインターネットを使った販促活動を中心に解説します。

## ネットショップに集客しよう

ネットショップの集客については、第1章でもかんたんに触れました (P.20)。この章では、本格的にショップに人を呼び込む方法について紹介します。無料でできるものや、低コストで取り組めるものなど、運営状況に合わせて使っていきましょう。本章では次のような集客方法について解説を行います。

・ホームページやブログからのリンク
・SNSの活用 (Instagram・Twitter・Facebook)
・YouTubeの活用
・メールマガジンの活用＜BASEの機能＞
・ブログの活用＜BASEの機能＞
・他のツールとの連携 (無料のホームページやブログ)
・チラシやショップカードの作成

上記の内容のうち、「チラシやショップカードの作成」以外はすべて、インターネットを使った「ネット集客」になります。特にネットを使った集客をおすすめする理由としては、「①コストが安い」「②すぐに取り組むことができる」「③ネット販売につなげやすい」の3つがあげられます。

インターネットを使わない集客、例えばチラシなどの印刷物を使った販促では、デザイン料や、印刷物の企画や作成から印刷、配布と、いくつものステップとある程度の費用が必要です。

一方、インターネットを使った集客では、SNSなどの発達により、誰でもかんたんに、情報発信を行うことができます。インターネットで宣伝をした方が、そのままネットでの購入に結び付く可能性も高いと言えるでしょう。

## まずは身近な人たちに知らせよう

　ネットショップをオープンしたら、まずは身近な人たちにお知らせするところから始めましょう。友人や知人にネットショップを知ってもらうことで、その人たちだけでなく、知人の知人、といった形で、口コミが広がっていくことが期待できます。

　例えば連絡先を知っている人に向けて、メールやLINEなどを使って、直接ネットショップのアドレスをお知らせします。コストがかからず、いつも使っているツールなので、すぐに取り組むことができます。自分のことを知らない人に宣伝するよりも、まずは自分のことをよく知っている人に知ってもらうことを優先しましょう。

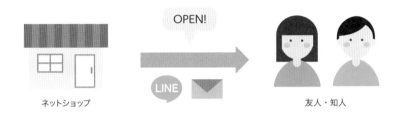

ネットショップ　　　　　　　　　　　　　　　　友人・知人

## オープニングキャンペーンを開催しよう

　お店を始めるにあたって、もっとも注目が集まりやすいのがオープン時です。そこで、オープニングキャンペーンを開催してみるということを考えてみましょう。例えばオープンから1週間、といった期限を決めて、プレゼントや割引などのキャンペーンを行うのです。先の「身近な人たちに知らせる」ことと組み合わせると、より効果的です。せっかくのオープンの機会を生かしたキャンペーンについて、検討してみてください。

**オープニングキャンペーン開催の流れ**

**❶期限を決める**　　2週間〜1ヶ月

**❷特典を決める**　　プレゼント
　　　　　　　　　　割引（BASEでキャンペーンコード発行）
　　　　　　　　　　無料サンプル

**❸お知らせする**　　LINE、メール、SNS
　　　　　　　　　　ブログやホームページ

# ホームページやブログから リンクを貼ろう

ネットショップのオープンを知らせる方法はいくつもありますが、すでにホームページやブログがある場合には、そこからネットショップへのリンクを貼っておきましょう。

## ホームページやブログからのリンクは大きく2種類

　すでにホームページやブログを持っている場合は、ネットショップへのリンクを貼っておきましょう。ホームページやブログを訪れた人を、ネットショップに誘導することができます。リンクの貼り方には、以下の2種類があります。

・ネットショップがオープンしたことを知らせる記事からリンクを貼る
・常に見えるところにバナーや文字でリンクを貼る

## 記事からリンクを貼る

　ブログやホームページに、ネットショップがオープンしたことを知らせる告知の記事を書く方法です。必ず記事内にネットショップのURLを記載して、リンクを貼っておきます。

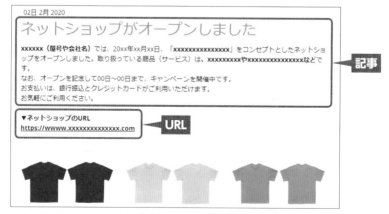

▲ブログやホームページに記事を書く

# 常に見えるところにリンクを貼る

　もう1つの告知方法が、ホームページやブログの「常に見えるところ」にバナーや文字でのリンクを貼る方法です。ブログの記事では新しい記事を投稿するとリンクを貼った記事が見えなくなってしまいますが、固定のバナーや文字であれば、常にネットショップの存在をアピールすることができます。またブログ記事の本文中に、必ずネットショップへのリンクを貼っておくという方法もあります。

▲サイドバーにバナーやリンク

▲フッター部分にバナーやリンク

▲記事本文中に常にバナーやリンク

## Point　友人・知人に相談しよう

　ここでは、自分でホームページやブログを持っている場合を想定して解説しました。自分のホームページを持っていないという場合や、持っていてもそれだけでは不十分に思われる場合は、友人・知人のブログやホームページで告知してもらえないか、聞いてみましょう。依頼できそうなところがあれば、ぜひ連絡してみてください。

# 03 SNSを使って商品や サービスを広めよう

スマートフォンやパソコンを使ってかんたんに情報を発信できるのが、SNSの特徴です。こうしたSNSの特長を生かして、商品やサービスを広めていきましょう。

 SNSを活用して商品やサービスをお知らせしよう

　FacebookやTwitter、Instagramのように、専用アプリやブラウザを使ってかんたんに情報発信できるツールを「SNS」と呼びます。SNSは「Social Networking Service」（ソーシャル・ネットワーキング・サービス）の略で、人と人のつながりを促進する、会員制のコミュニティサービスです。SNSにはたくさんの種類がありますが、ここでは代表的なものに絞って解説していきます。それぞれの特徴を把握しやすくするには、以下の表を参照してください。

|  | Instagram | Twitter | Facebook | YouTube |
|---|---|---|---|---|
| 月間アクティブユーザー数（日本国内） | 3,300 万人 | 4,500 万人 | 2,600 万人 | 6,200 万人 |
| 投稿内容 | 写真・動画が中心 | 文字＋写真・動画（140 文字以内） | 文字＋写真・動画 | 動画 |
| つながり方 | フォロー | フォロー | 友達申請（個人）いいね（FB ページ※） | チャンネル登録 |
| 拡散力 | 弱い | 強力（リツイート） | シェア機能あり | 他ツールと連携 |
| 広告機能 | あり | あり | あり（要FBページ※） | あり |

※ FB ページ：Facebook ページの略。企業名やショップ名でビジネス用のページを作成できる機能
引用元：https://gaiax-socialmedialab.jp/post-30833/

# どのSNSを使えばいいの？

　SNSを使って宣伝するといっても、どのSNSを使って、どのように宣伝を行えばよいのでしょうか？　SNSといっても、それぞれのサービスには特徴があり、利用しているユーザー層にも違いがあります。ここでは、本書で紹介するSNSのそれぞれの特徴と、その特徴を生かした宣伝方法をまとめておきます。

### Instagram

　写真や動画が中心です。「インスタ映え」という言葉あるように、きれい・おしゃれな世界観が好まれます。ジャンルにもよりますが、ネットショップとの相性がとてもよいSNSです。

### Facebook

　世界でもっとも利用者が多いSNSです。本名で登録する「個人アカウント」と、ビジネス利用ができる「Facebookページ」があります。企業や店舗のホームページ代用ツールとして活用できます。

### Twitter

　140文字以内の文章と写真・動画を投稿することができます。上の2つと比べて、世界的なユーザー数は少ないのですが、拡散力は断トツです。日本ではとても人気のあるSNSです。

---

## Point　コミュニケーションのツールであることを忘れずに！

　SNSは、基本的には「コミュニケーションツール」です。本来は、商品を宣伝するためのツールではありません。そのため、いかにも宣伝という投稿ではなく、製品の裏話だったり、使い方を動画で見せたり、活用方法を提案したりと、友達に「この商品、いいよ」とおすすめするような雰囲気で、楽しく紹介していきましょう。

# 04 Instagramで集客しよう

Instagramは、写真やイラストの投稿を中心とした「画像共有」を目的とする
コミュニケーションツールです。ここ数年、女性を中心に利用者が急増して
います。

## Instagramの特徴を押さえておこう

Instagramは、写真やイラストなどの「画像」を共有することを目的としたSNSです。SNSの中でも特に女性ユーザーが多いことが特徴で、例えば「アパレル」「コスメ」「グルメ」「雑貨」「インテリア」「景色」「旅」「ペット（猫、犬）」「子供」などのジャンルが人気です。女性に関連する商品やサービスを扱うのであれば、Instagramは必須だと思ってよいでしょう。

また、Facebook、Twitter、YouTubeはパソコンからも投稿できますが、Instagramはスマートフォンやタブレットの専用アプリからしか投稿できません。まだアカウントを持っていない場合は、スマートフォンやタブレットにアプリをインストールし、アカウントを取得してください。個人名の他、ショップや会社の名前、ニックネームで登録することができます。

▶「ハンドメイド」で検索をした画面。多く
のハンドメイドの商品写真が表示される

# 商品紹介を投稿しよう

　Instagramに、商品を紹介する投稿をしてみましょう。商品写真は、あらかじめスマートフォンで撮影しておいてください。Instagramでは、投稿にハッシュタグをつけることが一般的です。ハッシュタグとは、「#（シャープ）」のあとに投稿内容に関連するキーワードをつけたものです。このハッシュタグをつけておくことで、Instagram内で検索されやすくなります。1つの投稿につき30個までつけることができるので、必ずつけておきましょう。以下の例のように、地名や商品のジャンル、あるいは「〜とつながりたい」といった気持ちを入れたものなどが代表的です。

例：#市ヶ谷　#東京　#雑貨ショップ　#今日の弁当　#手づくりパン　#日本酒好きとつながりたい

**1** Instagramの画面で、「＋」をタップします。

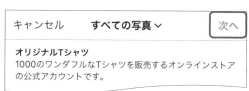

**2** 投稿したい写真を選択し、「次へ」をタップします。

**3** フィルターを選んで、「次へ」をタップします。

**4** 「キャプションを書く」に、紹介の文章を入力します。ハッシュタグを入力します。

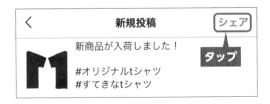

**5** 「シェア」をタップすると、投稿が公開されます。

# ハッシュタグを活用しよう

前ページでも解説したように、「ハッシュタグ」はInstagramの投稿の中で、もっとも重要な要素です。ハッシュタグの考え方は、3つあります。どれか1つではなく、これらを組み合わせて使うのがおすすめです。

①人気のキーワードを入れる (たくさんの人が使っているキーワード)
②中ぐらいのキーワードを入れる (1,000～2,000人ぐらいのキーワード)
③オンリーワンのキーワードを入れる (自分しか使っていないキーワード)

Instagramの検索画面にキーワードを入れて検索すると、そのキーワードをハッシュタグにして投稿された数が出てきます。上記のヒントを参考に、この数を見てみましょう。①～③の条件をすべて満たすように、キーワードを選んでいきます。また、同じジャンルでInstagramを活用しているショップや企業があれば、どんなハッシュタグを使っているか参考にしてみましょう。

147

## 写真にタグ付けしよう

Instagramでは、写真にタグ付けをすることができます。この場合のタグは、ハッシュタグではなく、「人物（＝相手のInstagramアカウント）」です。例えば、一緒に商品を制作・販売している仲間や、商品と一緒に写っている人、購入してくれた人などのアカウントをタグ付けすることで、さまざまな人との「つながり」を作り出すことができます。

▶商品画像に関連する人の Instagram アカウントをタグ付けした

## 動画を活用しよう

Instagramの通常投稿では、60秒までの動画を掲載することができます。静止画で伝えることが難しい、あるいは動画の方が伝わりやすい商品については、積極的に動画を活用していきましょう。

例えば、実際にその商品を使っている動きを投稿することで、商品により魅力を感じてもらうことができます。スマートフォンのおかげで、動画を撮ることもかんたんになりました。ぜひ活用してみましょう。

▶ Instagram で動画を投稿した

# ストーリーズを活用しよう

　Instagramの人気の機能「ストーリーズ」は、縦長の写真や動画を投稿できるツールです。Instagramの通常投稿がずっと残るのに対して、24時間で消えるストーリーズでは、カジュアルなコミュニケーションを楽しむことができます。投稿できるのは写真や動画で、いずれも縦長で表示されます。写真や動画にスタンプをつけたり、文字を載せたり、日付や気温などの情報を入れることができます。

　例えばセールなどのキャンペーンのお知らせや、新商品の発売など、「今」を感じさせる投稿がおすすめです。なお、ストーリーズでは、動画も静止画も「15秒間」表示されます。15秒たつと、自動的に次の投稿に移動します。

▲おもしろいスタンプを使用

▲背景を加工したもの

▲アンケート機能を利用

149

# ストーリーズを投稿しよう

ここでは、Instagramでストーリーズを投稿する方法を解説します。

**1** 左上のカメラマークをタップします。

**2** ここでは撮影済みの写真または動きを選択します。左下のアイコンをタップします。

**3** 写真や動画をタップして選択します。

4 文字を入れたり、スタンプをつけてみましょう。

5 完成したら、「送信先」をタップします。

6 ストーリーズの右側にある「シェア」をタップします。これで、ストーリーズが投稿されます。

# 05 BASEとInstagramを連携しよう

BASEとInstagramを連携させると、Instagramの投稿から、そのままBASE
の販売画面に移動することができます。Instagramからネットショップへ、
直接の導線を作りましょう。

 **BASEとInstagramの連携に必要なもの**

BASEから発表されているデータによれば、Instagramと連携すると20％の売上アッ
プが期待できるそうです。また、Instagramの投稿を見て、商品がほしくなり購入につ
ながった経験がある人の割合は70％近くにものぼると言われています。BASEと
Instagramを連携するには、以下のアカウントが必要になります。

・BASEのアカウント
・Instagramのアカウント（ネットショップ用のアカウント）
・Facebookのアカウント

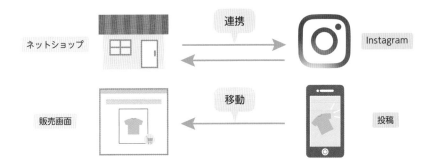

また、これらに加えてFacebookページが必要になります。Facebookページを作成
していない場合は、設定の途中で作成することができます。Facebookのアカウントを
持っていない場合は、以下のページからアカウントを取得してください。Facebookの
アカウントは本名で登録しますが、BASEと連携する過程で作成する「Facebookペー
ジ」については、ショップの名前や企業名で登録することができます。

https://www.facebook.com/

※ Facebook の画面は頻繁に変更されるため、画面や文言が変更になっている場合があります。
　詳しくは BASE の公式サイト内にあるヘルプ記事でご確認ください。　https://baseu.jp/9222

# Instagram販売のAppsを追加しよう

左ページのアカウントを準備できたら、BASEにAppsを追加しましょう。

**1** BASEの管理画面にログインし、上部のメニューバーの「Apps」をクリックします。

**2** Appsの画面が表示されます。下にスクロールし、「キーワード」に「Instagram」と入力し、「検索」をクリックします。

**3** 「売上を向上させる」の下に「Instagram販売」が表示されるので、これをクリックします。

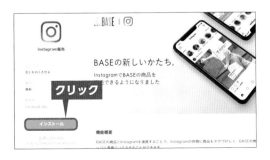

**4** 説明画面が表示されるので、左側の「インストール」をクリックします。

# BASEとFacebookページを連携しよう

　BASEにInstagram販売のAppsを追加できたら、ここから先はFacebookページと連携していきます。あらかじめFacebookにログインした状態で、以降の操作を行ってください。Facebookページを持っていない場合は、途中で作成を行います。

**1** 「Facebookページを連携する」をクリックします。

**2** Facebookの画面に遷移します。「次へ」をクリックします。

**3** 「Facebookページを選択」の画面が表示されます。すでにFacebookページがある場合はそれを選択し、ない場合は「ページを作成」をクリックします。新しくFacebookページを作成する方法は、P.163を参照してください。

**4** 「Facebookピクセルをインストール」の画面が表示されるので、「次へ」をクリックします。

**5** 「Facebookに製品をインポート」の画面が表示されるので、「完了」をクリックします。

# InstagramとFacebookページを連携しよう

　ここからは、Instagramのアカウントをプロアカウントに変更し、Facebookページと連携する操作を行います。プロアカウントに変更する操作は、スマートフォンからしか行えません。スマートフォンで、Instagramアプリを起動しておいてください。すでにプロアカウントになっている場合は、P.157を参照してください。

**1** Instagramの右下のアイコンをタップします。

**2** プロフィール画面が表示されたら「プロフィールを編集」をタップします。

**3** 画面の下の方にある「プロアカウントに切り替える」をタップします。

**4** クリエイターかビジネス、どちらかの「次へ」をタップします。

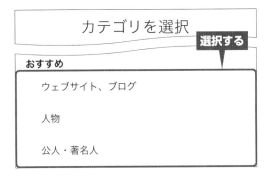

**5** 「クリエイター」を選択した場合、「カテゴリ選択画面」が表示されます。カテゴリを選択します。

6 「ビジネス」を選択した場合は、「Instagramビジネスアカウントを取得」の画面が表示されるので、「次へ」をタップします。

ワンダフル1000tシャツ
アパレル代理店・販売業者・「いいね！…

**選択**　　　**タップ**

次へ

7 「Facebookページをリンク」の画面が表示されます。連携させるFacebookページを選択し、「次へ」をタップします。

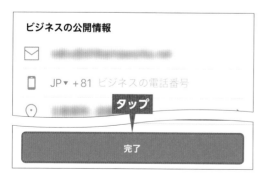

**ビジネスの公開情報**

✉

JP▼ ＋81　ビジネスの電話番号

⊙　　　**タップ**

完了

8 「連絡先情報を確認してください」の画面でメールアドレスなどを確認し、「完了」をタップします。これで、Instagram側の審査が行われます。結果が出るまで数日かかるケースもあるので、待ちましょう。

## コラム　すでにInstagramをプロアカウントにしてある場合

すでにInstagramのアカウントがプロアカウントになっていて、かつFacebook
ページと連携していない場合は、以下の手順で設定を行います。

■ Instagramのプロフィールページを開く。

■ 右上の「オプション」をタップする。

■ 「設定」をタップする。

■ 「アカウント」をタップする。

■ 「リンク済みのアカウント」をタップする。

■ 連携可能なSNSの一覧が表示されるので「Facebook」をタップする。

■ 連携したいFacebookページを選択する。

## ショッピングの審査登録をしよう

Facebookページとinstagramの連携が完了し、Instagram側の審査が承認されたら、Instagramのアプリからショッピング登録を行います。ショッピング登録にも、審査が必要です。審査が完了するまで、数日かかることがあります。

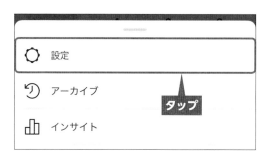

1 Instagramアプリで、プロフィール画面右上の「オプション」をタップし、「設定」をタップします。

2 「ビジネス」をタップします。

3 「ショッピングに登録」をタップします。

4 「Instagramショッピングに登録しよう」の画面が表示されるので、「次へ」をタップします。

5 「カタログを審査に送信」の画面で連携済みのFacebookページにチェックがついていることを確認し、「審査を申請」をタップします。

6 「Instagramがアカウントを審査中です」の画面が表示されるので、「OK」をタップします。アカウントの審査には、数日から1週間ほどかかる場合があります。

# Instagramの投稿に商品をタグ付けしよう

Instagramのショッピング審査に通過すると、Instagramの投稿画面に商品をタグ付けできるようになります。以下の手順で設定しましょう。

■ Instagramで通常通り投稿の操作をすると、キャプションを入れる画面に「商品をタグ付け」が表示されます。これをタップします。

② 次の画面で、投稿する写真をタップします。

③ Facebookページに取り込まれた商品のリストが表示されます。タグ付けしたい商品を選択します。

**4** 「タグを編集」画面が表示されます。タグ付けした商品が間違いなければ「完了」をタップします。

**5** 新規投稿の画面に戻るので、「シェア」をタップします。これで、タグ付きの写真が投稿されます。

 ## 投稿を見た人からは…

　Instagramの投稿を見た人が商品の写真に付いたタグをタップすると、以下のようにBASEの購入画面へ移動します。

---

**Point** ┃ **Instagramのショップ審査に落ちたときは？**

　Instagramのショップ審査に通過しないという話をよく耳にします。審査に落ちても、理由については連絡をもらえるわけではないので、改善ポイントも不明です。以下のページに要件が記載されていますので、内容を確認してみてください。その上で、再度やり直してみましょう。

https://help.instagram.com/1627591223954487

# 06 Facebookページで集客しよう

★★★ Facebookページは、ショップ名や企業名、サービス名などで開設することができる無料のアカウントです。ネットショップや商品の紹介に、有効活用しましょう。

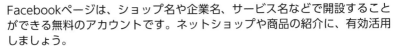

## Facebookには「個人」と「ページ」がある

Facebookには、「個人アカウント」と「Facebookページ」の2種類があります。本名で登録し、個人のメールアドレスや住所、生年月日、出身校などを入力して開設したものが「個人アカウント」です。友人や知人とつながり、近況報告をし合うのが主な利用目的です。

一方「Facebookページ」は、ショップ名や企業名、あるいはサービス名などで開設するアカウントです。ビジネスでの利用を目的として、宣伝に使ったり、広告を出したりすることができます。また1人で複数のページを開設でき、複数人で管理することができます。Facebookページは、ネットショップの集客方法としておすすめです。なおFacebookページを開設するには、あらかじめ「個人アカウント」を取得しておく必要があります。

▲ Facebook ページの画面

# Facebookページを作成しよう

　BASEとInstagramを連携させたときに作成したFacebookページ (P.154参照)、あるいは以前から持っていたFacebookページがすでにある場合は、この項目は不要です。P.165に進んでください。なお、Facebookの個人アカウントはすでに取得しているものとして進めていきます。

**1** Facebookにログインし、右上の▼をクリックします。

**2** 「Facebookページを作成」をクリックします。すでにFacebookページの作成経験がある場合は、Facebookページ一覧の画面を開き、右上の「Facebookページを作成」をクリックします。

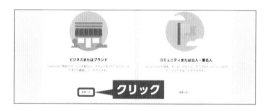

**3** 「ビジネスまたはブランド」の「スタート」をクリックします。

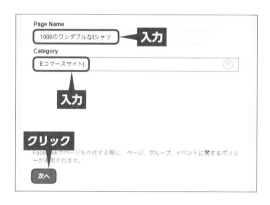

**4** 「Page Name」に、ショップの名前を入力します。「Category」に「Eコマースサイト」と入力し、「次へ」をクリックします。

**5** プロフィール写真を追加する画面が表示されます。あとからでも設定できるので、「スキップ」をクリックします。

**6** カバー写真を追加する画面が表示されます。ここもあとから設定できるので、「スキップ」をクリックします。

**7** Facebookページがオープンしました。

---

## Point　最低限の設定をしておこう

プロフィール写真やカバー写真は、告知前に設定しておきましょう。また、左サイドバーの「さらに表示」をクリックし、「ページ情報」→「ページ情報を編集」の順にクリックすると、自己紹介やショップの詳しい情報などを設定する画面が表示されます。こちらも、必要な箇所を事前に入力しておきましょう。

# Facebookページに商品紹介を投稿しよう

Facebookページの準備が完了したら、商品の紹介を投稿してみましょう。写真の複数投稿、長文の入力も可能です。文字だけだと投稿が目立たないので、必ず写真やイラストを添えて投稿するようにします。

**1** Facebookページの「ホーム」へアクセスし、「投稿を作成」をクリックします。

**2** 投稿の作成画面が表示されます。商品の紹介文を入力します。このとき、ネットショップの商品紹介ページ（BASE）のURLも入れておきます。

**3** 「写真・動画」をクリックします。

**4** 「写真／動画をアップロード」をクリックします。

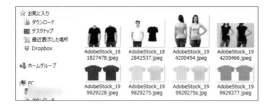

**5** 画像選択画面が表示されるので、アップロードしたい画像を選択し、「開く」をクリックします。

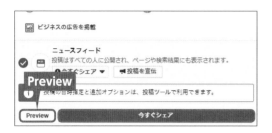

**6** 写真が入った状態の投稿を確認できます。この画面で「Preview」をクリックしてみましょう。「Preview」が表示されない場合は、手順**8**に進んでください。

**7** 投稿内容がプレビューされ、どのような状態で投稿されるかを確認できます。確認したら、右上の「×」をクリックします。

**8** 内容が問題なければ、「今すぐシェア」をクリックします。

**9** 投稿されました。

# Facebookページの閲覧者を増やそう

　Facebookページには、Facebookページを開設したことを友人たちに知らせる機能があります。Facebookページの各種設定が完了し、準備が整ったら、見てほしい人に告知を行いましょう。

**1** Facebookページの「…」をクリックし、「友達を招待」をクリックします。

**2** Facebookの「個人」アカウントでつながりのある人がリスト表示されます。見てほしい人をクリックし、右下の「招待を送信」をクリックします。

# 07 Twitterで集客しよう

Twitterは、「ツイート」と呼ばれる140文字以内のメッセージや画像、動画、URLなどを投稿できるSNSです。情報の拡散性が高く、知らない人に見てもらいやすいという特徴があります。

## Twitterの特徴を押さえておこう

　Twitterは、140文字以内のメッセージや画像、動画、URLを投稿できるツールです。世界的にはFacebookやInstagramの方が人気なのですが、日本国内に限っては1ヶ月に1度でもログインするユーザー数（月間アクティブユーザー数）が4,500万人と、FacebookやInstagramを超えるシェアを持っています。若年層の利用が多く、拡散力が大きいのが特徴です。スマートフォン、パソコンのどちらからでも投稿することができます。まだTwitterのアカウントを持っていない場合は、取得しておいてください。個人名の他、ショップや会社の名前、ニックネームで登録することができます。

▲ Twitter のアカウント登録画面
https://help.twitter.com/ja/create-twitter-account

# Twitterの投稿イメージ

　Twitterの投稿は、文字やURL、ハッシュタグなどが先に表示され、写真や動画がその下に配置されます。写真が最初に表示されるInstagramとは逆になっています。写真は4枚まで投稿できるので、1つの投稿に複数の商品写真を掲載できます。

◀ Twitter の投稿画面

# Twitterに商品紹介を投稿しよう

　Twitterに、商品の紹介を投稿してみましょう。ここでは、パソコンから投稿を行う方法を解説します。撮影した写真を、あらかじめパソコンに保存しておきます。

**1** Twitterにログインします。「いまどうしてる？」をクリックし、文章を入力します。商品を販売しているページのURLも、忘れずに記載しましょう。

**2** 🖼をクリックします。

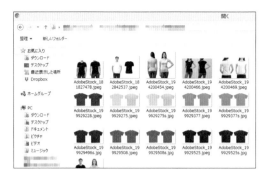

③ 画像の選択画面が表示されます。アップしたい画像を選択し、「開く」をクリックします。

④ 画像が配置されたことを確認し、「ツイートする」をクリックします。

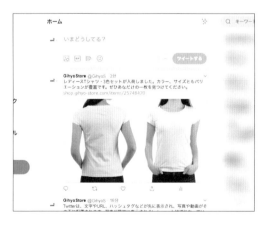

⑤ 投稿が完了しました。

　このような形で、どんどん商品の紹介をしていきましょう。こちらから気になる人をフォローしたり、いいねやコメントをしていくなど、コミュニケーションを取っていくと、フォロワー増加につながります。

# 覚えておきたいTwitter活用方法

Twitterには、コミュニケーションを楽しむための機能が用意されています。さまざまな機能を組み合わせて、多彩な表現にトライしてみましょう。

## ◉ 絵文字の活用

Twitterには、絵文字の投稿機能があります。世界共通で、どの国の人にも同じ絵が表示されます。嬉しい、楽しい、悲しいなど、気軽に感情表現ができるので活用しましょう。

## ◉ ハッシュタグの活用

「#」をつけた単語＝ハッシュタグを使うことができます。Twitterではハッシュタグは必須ではありませんが、1つのテーマで盛り上がりたいときや、投稿のテーマ・ジャンルを明確にしたいときなどに有効です。

## ◉ 連続投稿の活用

投稿したい内容が140文字に収まらない時には、投稿を追加できる機能を活用します。投稿の右下に表示される「＋」をクリックすることで、個々のツイートをつないだ状態にすることができます。

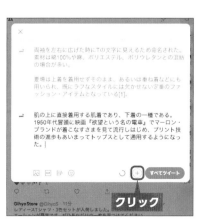

171

# 08 YouTubeで集客しよう

 YouTubeは、日本国内で6,200万人ものユーザーがいる、無料の動画投稿ツールです。今後の5Gの普及に伴い、ますます人気が高まっていくことが予想されます。

##  YouTubeにアップする動画はスマホが便利

YouTubeにアップロードする動画は、スマートフォンで撮影するのが便利です。ビデオカメラやマイクを用意して本格的に撮影することもできますが、まずは手軽にスマートフォンで撮影してみるとよいでしょう。最初は、15秒から30秒程度の短い動画を作ってみてください。動画を作成するときは、事前にどのようなテーマの動画を投稿するのかを決めておきます。例えば

・商品の紹介
・商品の使い方（活用提案）

といった動画は、比較的作りやすいと思います。撮る前に、「どんなシーンが必要か」を書いた「絵コンテ」を準備しておくと、いざ撮影するときにやり直しが少なくてすみます。手書きのメモ程度で構いませんので、考えてみるとよいでしょう。

▲ YouTube の画面
https://www.youtube.com/

# YouTubeに掲載できる動画の長さや容量など

　YouTubeにアップロードできる動画は、長さや容量などに以下のような制限があります。

・15分以内（はじめてチャンネルを作成したとき）
・128GBもしくは長さが12時間以内のいずれか小さい方（通常の投稿）

　はじめてYouTubeにチャンネル（次ページで解説）を作成しアップロードするときのみ、15分以内という制限があります。またYouTubeの動画をアップロードするには「Gmail」のアドレスが必要です。アドレスを持っていない場合は、あらかじめ取得しておきましょう。

# YouTubeチャンネルを開設しよう

　動画を撮影したら、YouTubeにアップロードするための準備をします。以下の手順で「チャンネル」を開設しましょう。ここではパソコンの画面で解説します。

**1** YouTubeへアクセスし、右上の「ログイン」をクリックします。

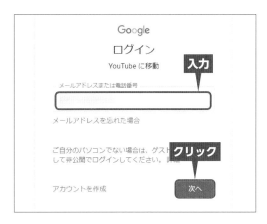

**2** Gmailアドレスを入力し、「次へ」をクリックします。

**3** Gmailのパスワードを入力し、「次へ」をクリックします。「確認してください」と表示された場合は、「確認」をクリックして、次に進みます。

**4** 右上のアイコンをクリックし、「チャンネルを作成」をクリックします。

**5** 「始める」をクリックします。

**6** 「カスタム名を使う」の「選択」をクリックします。

**7** 「チャンネル名」にショップの名前やサービス名を入力し、下のチェックボックスにチェックを入れます。「作成」をクリックします。

チャンネルを作成すると、自己紹介、ホームページ、SNSのURLを登録する画面が表示されます。ここで、必要な項目を設定します。

設定が完了したら、「動画をアップロード」をクリックします。

 ## 動画をアップロードしよう

チェンネル登録が完了したら、動画のアップロードを行います。アップロードしたい動画を、あらかじめパソコンに保存しておきましょう。スマートフォンで撮影した動画の場合、Gmailでメールに添付して送信したり、DropboxやGoogleドライブなどのファイル共有ツールを利用したりといった方法があります。

手順の画面で「動画をアップロード」をクリックすると、「新しいYouTube Studioのご紹介」が表示されます。「OK」をクリックします。

アップロードする動画ファイルをこの画面にドラッグ&ドロップします。

**3** アップロードが完了すると、左のような画面が表示されます。「タイトル」と「説明」を入力します。サムネイル画像は、ここでは自動で作成されたもののままにします。別途、自作したサムネイル画像をアップすることもできます。

**4** 「視聴者」の欄で「いいえ、子ども向けではありません」にチェックを入れ、「次へ」をクリックします。

**5** 「次へ」をクリックします。

**6** 「公開設定」画面が表示されます。「今すぐ公開」か「スケジュール」のどちらかをクリックします（ここでは「今すぐ公開」をクリック）。「完了」をクリックします。

**7** 「公開」にチェックを入れ、「公開」をクリックします。必要に応じて、限定公開にすることもできます。

**8** 動画が公開されました。「動画リンク」をクリックすると、公開された動画を閲覧できます。また「動画リンク」のURLをコピーして、SNSの投稿やブログ記事に貼り付けることができます。

## Point　SNSやブログと連携しよう

YouTubeには、動画の公開を知らせる機能がありません。動画をアップしたら、他のSNSやブログにYouTubeのURLを投稿して、いろいろな人に見てもらうようにしましょう。手順**8**の画面の「リンクの共有」から、URLの共有方法を選択することもできます。

177

# 09 メールマガジンを発行しよう

BASEには、集客や販促に役立つ機能が用意されています。一度商品を購入した人に向けて、新商品やキャンペーンのお知らせをしたい時は「メールマガジン」を使ってみましょう。

## メールマガジンはリピート促進に有効

　BASEには、「メールマガジン」の機能がついています。SNS全盛の時代にメールマガジンは意味があるの？　と思う人もいるかも知れませんが、経験上、リピート促進にとても有効であることがわかっています。BASEでは、一度購入した人に向けてメールマガジンを発行できます。

**1** BASEの管理画面にログインした状態で、上部のメニューバーの「Apps」をクリックします。

**2** Appsの画面が表示されます。「キーワード」に「メールマガジン」と入力し、「検索」をクリックします。

**3** 「売上を向上させる」の下に、「メールマガジン」のボタンが表示されるので、これをクリックします。

4 説明画面が表示されます。「インストール」をクリックします。

 ## メールマガジンを配信してみよう

メールマガジンの機能をインストールできたら、実際にメールマガジンを発行してみましょう。

1 メールマガジンのAppsをインストールしたら、Appsのメールマガジンの画面で「メールマガジンを作成する」をクリックします。

2 テンプレートを選択します。

3 「配信内容の入力に進む」をクリックします。

**4** テンプレートに沿って、配信内容を入力します。「見出し」「本文」「写真」などを入れて完成させましょう。

**5** 作成が完了したら、「プレビューを表示」をクリックします。

**6** プレビューを確認し、必要があれば修正を行います。閉じるときは、右上の「×」をクリックします。

**7** 「配信設定に進む」をクリックします。

**8** 「配信設定」画面が表示されます。まずは「テスト送信」をクリックしてテストします。

9 「登録メールアドレス宛にテスト送信してもよろしいですか?」と表示されるので、「送信する」をクリックします。

10 テスト送信されたメールの内容を確認し、修正が必要な場合は「配信内容の入力に戻る」をクリックし、編集画面へ戻ります。

11 メールマガジンが完成したら、「配信設定」画面で「配信日時」を設定し、「配信予約を保存する」をクリックします。

## Point 配信先を設定する

メルマガの配信先は、メールマガジン画面の左にある「配信対象者設定」をクリックして設定できます。配信対象者を選択することができます。

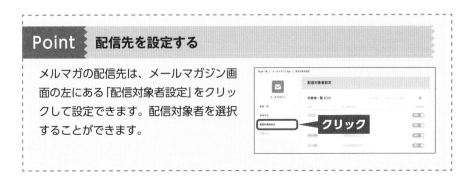

# 10 ブログ機能を使おう

BASEには、ブログ機能がついています。ブログを持っていなくて、今後何か記事を書いてみたいという場合には、BASEのブログを使ってみるのもよいでしょう。

## ブログ機能はどんなときに使う？

BASEには、ブログ機能があります。例えばショップの運営日や休業日に関するお知らせが掲載されていたり、新商品が紹介されている記事が時系列で載っていれば、ネットショップ訪問者にとって便利です。別のサービスですでにブログを開設している場合は必要ありませんが、まだブログを持っていないという場合は、利用を検討してみましょう。以下の手順で、ブログ機能を設置できます。

**1** BASEの管理画面にログインし、上部のメニューバーの「Apps」をクリックします。

**2** Appsの画面が表示されます。「キーワード」に「ブログ」と入力し、「検索」をクリックします。

**3** 「お客様を集める」の下に「Blog」のボタンが表示されるので、これをクリックします。

**4** 説明画面が表示されます。「インストール」をクリックします。

 ## ブログの記事を書いてみよう

ブログ機能をインストールできたら、ブログの記事を書いてみましょう。

**1** 「記事作成」をクリックします。

**2** 記事の「タイトル」を入力します。タイトルは、50文字以内という制限があります。

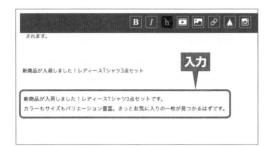

**3** 本文に記事を入力します。

**4** ▲をクリックします。

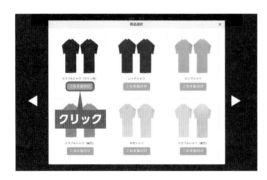

**5** BASEに登録済みの商品が表示されるので、記事に関連する商品の「これを貼付け」をクリックします。

**6** その他、必要に応じて動画の貼り付け、画像のアップロード、他ページへのリンク、Instagramの投稿表示などを行います。記事の作成が完了したら、「投稿する」をクリックします。

**7** 「今すぐ投稿」をクリックすると、すぐに投稿されます。下書き保存や予約投稿、プレビューもできます。

**8** ブログ機能で記事を書くと、ネットショップのヘッダー部分に「Blog」のリンクが自動的に設置されます。

---

**Point** **営業日カレンダーもブログ機能で**

P.55でも触れましたが、BASEには営業カレンダーを掲載できる機能がありません。ブログ機能を使って営業日カレンダーを作成したら、ブログ機能を使って「記事」として投稿しておきましょう。

# 11 他のツールと連携しよう

BASEはかんたんにネットショップを作れますが、商品紹介ページのデザインが一律で、表現力に乏しい傾向があります。他のツールと連携して、表現力を補うこともできます。

## 他のツールと連携して商品ページの表現力をUPしよう

　BASEの商品ページは写真、文章、料金や在庫などを入力すればかんたんに作成できますが、文字を大きくしたり、色をつけたりする機能がありません。また、レイアウトもテンプレートによって一律で決まっているため、楽天市場のようなグラフィカルなページを作成することができません。そこで、他のホームページ作成ツールを使って表現力のある商品ページを作成し、そこからBASEの決済ページに飛ばす形で、表現力の不足を補う方法があります。ここでは、Jimdo（ジンドゥー）、Wix、ペライチ、noteと連携する方法について解説します。

| 他のホームページ作成ツール | BASEの商品紹介ページ |
|---|---|
|  | 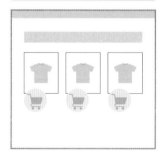 |

　なお、BASEと他のツールを連携する方法には、2種類のやり方があります。利用するツールによって利用できる方法が異なるので、注意が必要です。

・BASEの埋め込みコードを外部のページに埋め込む
・BASEの商品紹介ページへリンクを貼る

# BASEの埋め込みコードを外部のページに埋め込む

BASEの商品ページの埋め込みコードを、他のツールの作成画面に貼り付ける方法です。以下の埋め込みコードを、手入力で用意します。【商品詳細ページURL】の部分に、自身のショップの商品詳細ページのURLを入れます。

●サイズ：160×220

```
<iframe frameborder="0" height="220" width="160" src="【商品詳細ページURL】/widget/small"></iframe>
```

●サイズ：220×380

```
<iframe frameborder="0" height="380" width="220" src="【商品詳細ページURL】/widget"></iframe>
```

●サイズ：320×480

```
<iframe frameborder="0" height="480" width="320" src="【商品詳細ページURL】/widget/large"></iframe>
```

作成したコードを、ホームページやブログ記事のHTMLに貼り付けます。ここでは例として、Jimdoのページにコードを貼り付けています。HTMLを編集する機能がないツールには、コードを貼り付けることができません。その場合は、次に紹介する「商品紹介ページへリンクを貼る」方法を利用します。

レディース・カジュアルシャツ(3色)
¥ 2,200

# BASEの商品紹介ページへリンクを貼る

　外部のページからBASEの商品ページへ、リンクを貼る方法です。あらかじめ、BASEの商品ページのURLをコピーしておきます。この方法は、ツール側に「リンクを貼る機能」さえあれば利用できます。

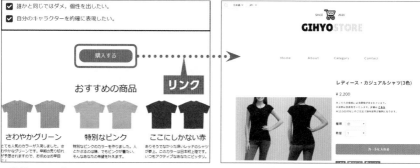

▲外部のページ　　　　　　　　　　　　　▲ BASE の商品ページ

# Jimdo（ジンドゥー）と連携しよう

　Jimdoには、「ウィジェット／HTML」という項目があります。この項目を使って、BASEの商品紹介ページのコードを埋め込むことができます。P.187の方法で、あらかじめ埋め込みコードを用意しておきます。

**1** Jimdoにログインし、「コンテンツを追加」をクリックします。

**2** 「その他のコンテンツ＆アドオン」をクリックします。

**3** 「ウィジェット／HTML」をクリックします。

**4** 表示された画面に、埋め込みコードを貼り付けます。右下の「保存」をクリックします。

**5** BASEの商品紹介が埋め込まれました。

##  Wixと連携しよう

WixにBASEの商品を埋め込む方法を紹介します。P.187の方法で、あらかじめ埋め込みコードを作成しておいてください。

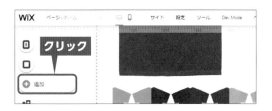

**1** Wixにログインし、エディタ画面左の「追加」をクリックします。

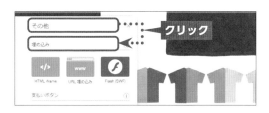

**2** 「その他」→「埋め込み」をクリックします。

**3** 「HTML iframe」をクリックします。

**4** BASEの埋め込みコードを貼り付けます。「適用」をクリックします。

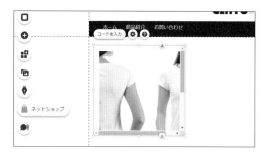

**5** BASEの商品紹介が埋め込まれました。

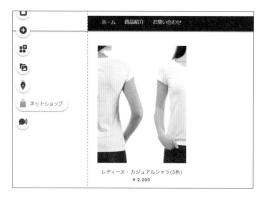

**6** 表示エリアをドラッグして、サイズや位置を調整しましょう。

# ペライチと連携しよう

　ペライチにHTMLのコードを埋め込むには、ペライチを有料版にアップグレードする必要があります。そこで今回は、無料版で利用可能な「BASEの商品紹介ページへリンクを貼る」方法で連携させます。あらかじめBASEの商品紹介ページのURLをコピーしておいてください。

**1** ペライチへログインし、該当ページの編集画面を開きます。「＋」をクリックします。

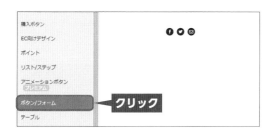

**2** 「ボタン/フォーム」をクリックします。

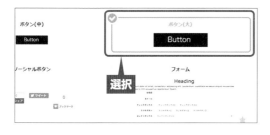

**3** 「ボタン大」を選択します。

**4** 「決定」をクリックします。

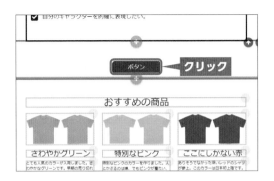

**5** ボタンが配置されるので、ボタンの上でクリックします。

**6** 「表示テキスト」を「購入する」に変更します。「リンク先」に、あらかじめコピーしておいた商品紹介ページ (BASE) のURLを貼り付けます。必要に応じて、背景カラーも変更します。「保存」をクリックします。

**7** BASEの商品ページへリンクするボタンが完成しました。

# noteと連携しよう

　noteは、とてもシンプルな使い心地の無料ブログシステムです。HTMLを埋め込む機能がないので、リンクを貼り付ける方法で連携させます。あらかじめBASEの商品紹介ページのURLをコピーしておいてください。

**1** noteにログインし、「テキスト」をクリックして記事を書きます。

**2** 記事のタイトルを入力し、「+」をクリックします。

**3** 「貼り付け」をクリックします。

**4** コピーしておいたURLを貼り付けて、 Enter キーを押します。

**5** 記事内に、商品ページへのリンクが貼られました。

# 12 チラシやショップカードを作成しよう

ここまでインターネットを使った販促について解説してきましたが、チラシやショップカードなどのアナログ的な手法でも集客や販促に結び付けることができます。

## チラシやショップカードを用意しよう

イベントに出店する機会があったり、人と会ったりする場面が多いのであれば、チラシやショップカードを配布してネットショップを訪れてもらうことも有効です。ショップカードやチラシの作成はプロに依頼する方法もありますが、自作するのであれば以下のサービスがおすすめです。いずれも無料で利用できますが、プリントを業者に依頼する場合は、印刷費用が必要になります。

### ●パワポン
アスクルのサービス。PowerPointで作成できるチラシのテンプレートを無料で利用できる。
https://ppon.askul.co.jp/

### ●Canva（キャンバ）
オンラインでグラフィックツールが作成できる。さまざまなテンプレートが用意され、無料で利用可能。
https://www.canva.com/ja_jp/

### 🔍 ショップカードを用意しよう

ショップカードは、名刺大の販促ツールです。ショップ名やオーナー名、ネットショップのURLを記載する他、QRコードも入れておきましょう。

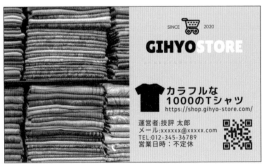

◀ショップカードの例

### 🔍 チラシを用意しよう

　ショップのオープンやセールを知らせるチラシを作成する場合は、P.214の方法でクーポンコードを発行し、掲載しておくとよいでしょう。購入時にクーポンコードを入力することで、割引を受けることができます。

▶チラシの例

---

## Point　QRコードって必要なの？

QRコードは、ホームページのURLのように、入力が面倒な文字列を埋め込むことで、アクセスを容易にしてくれます。最近のスマートフォンでは、標準のカメラアプリでQRコードを読み込むことで、すぐにホームページにアクセスできるようになりました。チラシやショップカードなどの紙媒体に目立つように配置しておくと効果的です。QRコード作成サービスには、次のようなものがあります。いずれも無料で利用できます。

●CMAN
https://www.cman.jp/QRcode/

●QRのススメ
https://qr.quel.jp/form_bsc_url.php

## コラム　ネットショップの集客・販促はとてもとても重要

ネットショップができて、ひと安心。
さあ、あとはお客様が来るのを待つだけ。
しかし、待てど暮らせど、1つも売れない。
気が付いたら1年間、何も売れなかった・・・どうして・・・！？

これ、実は「ネットショップあるある」なのです。
一生懸命ネットショップを作成して、商品も登録してやっとのことでオープンしたのに、1つも売れないなんて本当に悲しすぎます。

ネットショップを作ることも大事だし、運営することももちろん大事です。しかし、同じぐらい大事なのが、集客・販促の取り組みです。第5章で紹介した手法すべてを行う必要はありませんが、特にスタートしたばかりの時は、「いかに認知度をあげていくか」ということに力を注ぎましょう。運営と集客・販促の活動は、両輪で動かしていくイメージです。

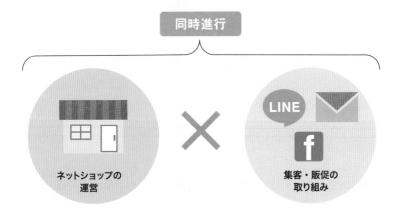

本編では紹介していませんが、各SNSにはそれぞれに広告機能があります。また、GoogleやYahoo!の検索結果の上部に表示される「キーワード広告」（Google広告、Yahoo!広告）などの集客手法もあります。いずれも有料にはなりますが、ネットショップの作成が低コストでできる分、「人を集める」ことに予算を使うことを検討してもよいのではないでしょうか。

# 第6章

## 便利な機能を使いこなそう
### ～慣れてきたらこんなことも！

この章では、BASEの追加機能について解説します。ネットショップの運営状況に合わせて、作業を効率化していったり、より販売促進を強化する機能があります。よく使われるものをピックアップして紹介しています。

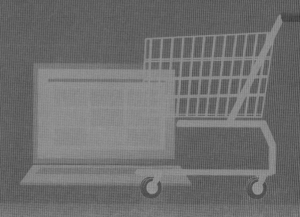

# 01 機能を追加して さらに便利に運営しょう

BASEの基本的な使い方がわかったら、追加機能を使ってより便利に、効率的にショップ運営ができるようカスタマイズしていきましょう。

## BASEにはさまざまな追加機能がある

BASEの基本機能のみでも、ネットショップを運営することは可能です。しかし機能を追加することで、より便利にネットショップを管理することができます。本章では、基本機能をさらに活用する方法と、Appsを追加することで不足の機能を補ったり、利便性を高めたりする方法を紹介していきます。

### ①基本機能の中で押さえておきたい機能

基本機能の中には、ここまでに紹介してこなかった便利な機能があります。テンプレートを変更して見た目を変えたり、アクセス解析を見てお客様の訪問状態を確認したり、有料のテーマを購入することでプロのような仕上がりにしたりといった具合です。

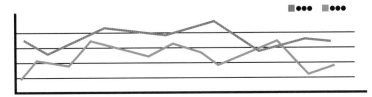

### ②Appsで不足の機能やより便利な機能を追加する

Appsを追加することで、便利な機能を利用できるようになります。サイト内検索が使えるようになったり、英語表記に対応したりといった追加機能がたくさんあります。よく使われるAppsについて詳しく解説しますので、ショップのカスタマイズに役立ててください。

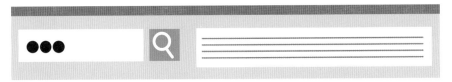

# BASEの追加機能を使えば、こんなこともできる！

ここで紹介する機能を活用すると、次のようなことが可能になります。

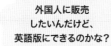

外国人に販売
したいんだけど、
英語版にできるのかな？

Apps「英語・外貨」を追加

できた！
外貨にも対応

もっと
オシャレなデザインに
できないかな？

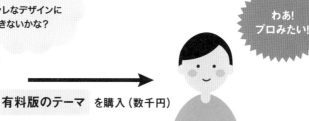

有料版のテーマ を購入（数千円）

わあ！
プロみたい！

たくさんの商品を
一度に登録する
方法はないかな？

Apps「CSV商品管理」
を追加

できた！
楽ちん！

# 02 ネットショップの テーマを変更しよう

BASEには、「テーマ」として、デザインのテンプレートが用意されています。無料で使えるものと有料のものがあります。ネットショップの雰囲気に合わせて、デザインを変更してみましょう。

## デザインを変更してみよう

BASEの初期のデザインは、シンプルで見やすいレイアウトになっています。しかし、ネットショップの個性に合わせて、別のデザインに変更することもできます。

**1** 上部のメニューバーの「デザイン」をクリックします。

**2** 「テーマの選択」で、「SIMPLE」と書かれた項目をクリックします。「SIMPLE」は、初期設定で適用されているテーマです。

**3** サイドバーに、テーマの一覧が表示されます。スクロールしながら、選んでみましょう。

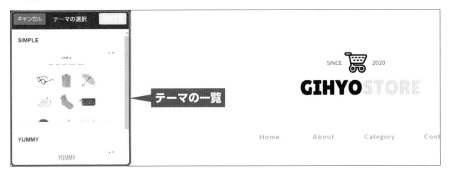

**4** 好みのテーマが出てきたらクリックします。画面右側で、テーマの変更結果を見ることができます。ここでは「CLASSIC」を選びました。

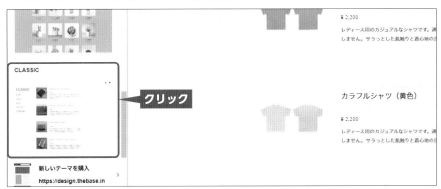

**5** デザインが決定したら、「使用する」をクリックします。

**6** 「保存」をクリックします。これでデザインの変更が反映されます。

**7** 「終了」をクリックします。

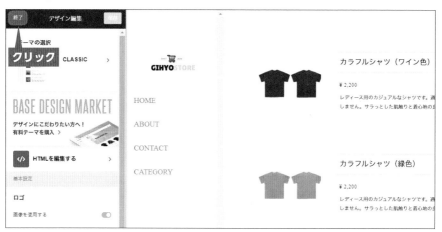

---

# 有料のテーマを利用しよう

BASEでは、有料テーマが5,000～10,000円程度で販売されています。無料のテーマではもの足りない、もっとオシャレな雰囲気にしたいという場合には、有料テーマを検討してみるとよいでしょう。以下の手順でテーマを購入することができます。

**1** 上部のメニューバーの「デザイン」をクリックします。

**2** 「テーマの選択」で、「SIMPLE」と書かれた項目をクリックします。

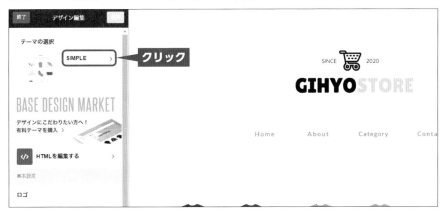

---

**ヒント** **テーマを変更していると**

前ページの操作でテーマを変更していた場合、「SIMPLE」ではなく、変更後のテーマの名前が表示されています。

**3** サイドバーを下にスクロールすると、「新しいテーマを購入」という項目が表示されます。これをクリックします。

**4** 有料版のテーマ一覧が表示されます。気になるデザインがあれば、クリックしてみましょう。

**5** 選択したテーマの詳細が表示されます。「プレビュー」をクリックすると、自分のネットショップのデザインがこのテーマに変更された状態でプレビュー表示されます。購入前に必ず確認しましょう。

**6** 「購入する」をクリックします。

**7** 「決済情報入力」画面が表示されます。画面の指示に従ってクレジットカード番号などの情報を入力し、手続きを行ってください。

---

**ヒント** **有料テーマの利用方法**

有料テーマの詳しい利用方法は、各テーマの詳細ページ（前ページの**5**の画面）に、解説ページのURLが掲載されています。このURLをクリックして、参照してください。

---

**Point** **BASEの有料テーマ例**

BASEの有料テーマには、さまざまなデザインが用意されています。メインの画像がスライドしたり、商品写真が丸く切り取られていたりと、ネットショップの表現の幅が広がります。商品に合わせて、適切なデザインを選びましょう。

# 03 ネットショップの アクセス状況を確認しよう

BASEのメニューバーには、「データ」という項目があります。「データ」では売上の推移を確認できる他、ページへのアクセス数を確認することができます。

## BASEのアクセス解析を見てみよう

BASEには、ネットショップにどのくらいの人がアクセスしているかを確認する「データ」画面があります。ページが閲覧された数などを確認してみましょう。

**1** 上部のメニューバーの「データ」をクリックします。

**2** 「データ」の画面が表示されます。画面上部では、「売上金額」「注文数」「商品別注文点数」などの推移がわかります。

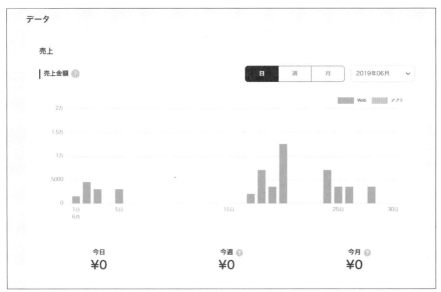

**3** 画面を下にスクロールすると、「Web集客」という項目が表示されます。「Webショップ閲覧数（PV)」は、自分のショップ内で「閲覧されたページ数」がわかる数字です。「日」「週」「月」を切り替えることで、解析期間を変更することができます。

**4** その下には、「商品別閲覧数」「SNS経由の流入数」がわかる画面が並んでいます。必要に応じて、チェックしてみましょう。

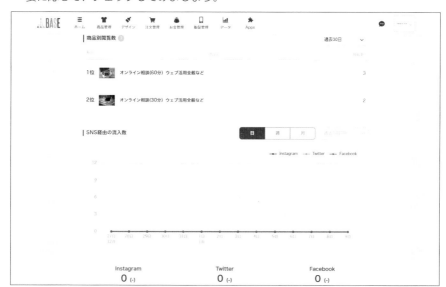

---

**Point　Googleアナリティクスを使いたい**

BASEでは、Appsを追加することで、ネットショップにGoogleアナリティクスを設置することができます。詳しくはP.240で解説しています。

## 04 商品検索の機能を 追加しよう

第3章では、商品をカテゴリに分けて登録する方法を解説しました。しかし登録点数が増えてくると、探すのが大変です。そこで「商品検索」Appsを追加してみましょう。

## 商品点数が増えてきたら「商品検索」Appsを追加しよう

　商品が少ないうちは必要ありませんが、登録点数が増えてくるとほしくなるのが「商品検索」の機能です。以下の手順でAppsを追加してみましょう。

**1** 上部のメニューバーの「Apps」をクリックします。

**2** Appsの画面が表示されます。「キーワード」に「商品検索」と入力し、「検索」をクリックします。

**3** 「商品検索」のボタンが表示されるので、これをクリックします。

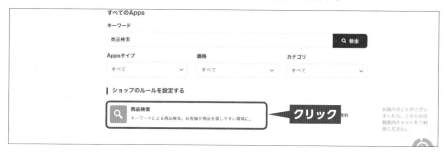

**4** Appsの説明画面が表示されます。「インストール」をクリックします。画面が自動的に切り替わり、設定完了です。

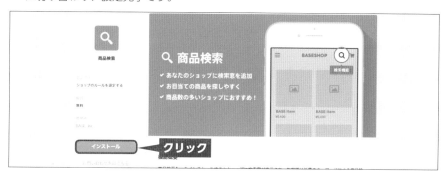

---

**Point　検索機能が設置できたかどうかを確認する**

商品検索機能を設置できたかどうかを確認してみましょう。すでにネットショップを公開済みの場合は、画面右上のボタンをクリックし、「ショップを見る」をクリックします。まだショップを公開していない場合は、メニューバーの「デザイン」をクリックして表示を確認します。検索機能は、画面左上に表示されます。

▲「ショップを見る」をクリックする

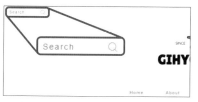

▲検索機能が追加された

# 05 ラベル機能で おすすめ商品を紹介しよう

BASEでは、商品一覧のページで、商品写真の上に「HOT」や「NEW」などのラベルをつけて目立たせることができます。Appsの追加機能を使って設定しましょう。

## ラベル機能を使って商品を目立たせる

Appsを追加することで、商品写真の上に「HOT」や「NEW」「SALE」などのラベルをつけて目立たせることができます。以下の手順で設置してみましょう。

▲商品写真にラベルがついている

**1** 上部のメニューバーの「Apps」をクリックします。

**2** Appsの画面が表示されます。「キーワード」に「ラベル」と入力し、「検索」をクリックします。

**3** 「ラベル」のボタンが表示されるので、これをクリックします。

**4** Appsの説明画面が表示されます。「インストール」をクリックします。

**5** 「デフォルトラベル一覧」の画面が表示されます。画面を下にスクロールすると、「商品管理ページで設定する」ボタンがあります。これをクリックします。

**6** 商品管理の画面が表示されます。ラベルをつけたい商品をクリックします。

**7** 商品の編集画面が表示されます。

8 画面を下にスクロールしていくと、「ラベル」という項目が表示されます。「ラベルを選択する」をクリックします。

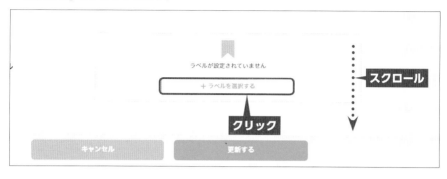

9 さまざまな色や形のラベルが用意されています。好きなデザインをクリックし、「決定する」をクリックします。

10 「更新する」をクリックして完了です。

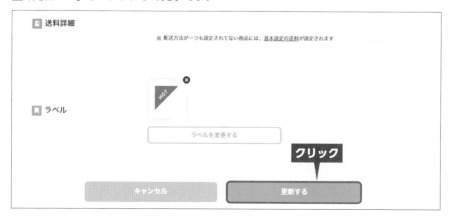

# 06 割引クーポンを発行しよう

BASEでは、キャンペーンや販売促進に活用できる割引クーポンを発行することができます。Appsで、クーポンを発行するための機能を追加してみましょう。

## 割引クーポンを発行する

リピーターや会員向けに販促をしたり、新規顧客の呼び込みに活用できる「クーポン」の機能を使ってみましょう。割引 (%) もしくは値引き (円)、いずれかの方法を設定しすることで、ランダムな文字列が発行されます。特定のお客様にその文字列を伝え、ネットショップで購入するときに使用してもらいます。以下の手順で、クーポンを発行してみましょう。

**1** 上部のメニューバーの「Apps」をクリックします。

**2** Appsの画面が表示されます。「キーワード」に「クーポン」と入力し、「検索」をクリックします。

**3** 「クーポン発行」のボタンが表示されるので、これをクリックします。

**4** Appsの説明画面が表示されるので、「インストール」をクリックします。

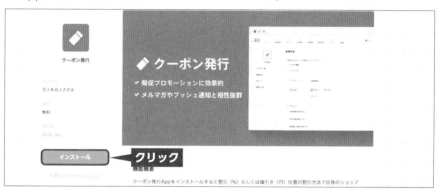

**5** 「クーポン名」「クーポンコード」「割引方法」を設定します。

**6** 必要に応じて、オプション欄の「有効期限を設定する」「発行枚数制限をする」「最低購入金額を設定する」の項目も設定します。

● **「有効期限を設定する」**

● **「発行枚数制限をする」**

● **「最低購入金額を設定する」**

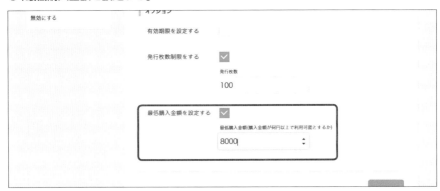

発行したクーポンコードはどう使う？

　発行したクーポンコードは、2つの使い方があります。リピート購入につなげるのであれば、一度購入した人に向けてメルマガでクーポンコードをお知らせします。BASEには購入者向けにメルマガを発行する機能があるため、これを利用してもよいでしょう（P.178参照）。新規の購入者獲得に使うのであれば、SNSの投稿にクーポンコードを記載して、購入を促します。

　また、名刺大のカードやチラシなどの配布物にショップのURLとクーポンコードを記載したものを印刷し、商品に同梱して購入者に送ったり、実店舗で配付したりするのもよいでしょう。

---

### リンクをあなたのフォロワーに共有する

購入金額が8,000円以上で利用可能、先着100名さま限定。
10%引きになるクーポンコードです→【 V483P2M6 】購入する際、こちらのコードを入力してください。
2020/04/10 00:00までご利用いただけます。
https://_____.thebase.in/

ツイート

---

▲ SNS の投稿にクーポンコードを記載する

---

| **Point** | **クーポンのオプションは設定した方がいい？** |
| --- | --- |

お店やネットで販売されている商品を買おうか迷っているときに、「このクーポンは期間限定○○日まで」「先着○○名まで割引あり」と書いてあって、ついつい買ってしまったという経験はありませんか？　人は、「限定」という言葉に弱い傾向があります。せっかくクーポンを発行するのであれば、左ページ⑥で紹介した「有効期限」や「発行枚数制限」のオプションとかけ合わせて利用することをおすすめします。

# 07 たくさんの商品を 一度に登録しよう

★★★ 商品を登録する際、1つ1つ個別に登録する方法を第3章で解説しました。これに対して、複数の商品を一度に登録する方法もあります。商品が多いときは、この方法で効率よく登録しましょう。

## 商品を一度にたくさん登録したい

　商品点数が多い場合など、商品を1つ1つ登録するのは大変な作業です。そのような場合は、Appsを使ったCSV登録がおすすめです。Microsoft Excelを使って所定の形式で表を作成し、CSV形式で保存します。このCSVファイルを、BASEの管理画面に取り込むという流れです。以下の手順で、一括登録を進めましょう。

**1** 上部のメニューバーの「Apps」をクリックします。

**2** Appsの画面が表示されます。「キーワード」に「CSV」と入力し、「検索」をクリックします。

**3** 「CSV商品管理」のボタンが表示されるので、これをクリックします。

**4** Appsの説明画面が表示されます。「インストール」をクリックします。

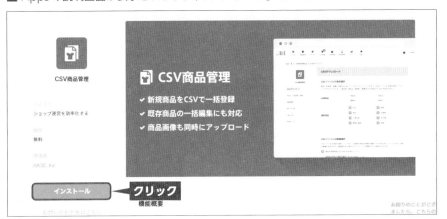

**5** 「選択項目」で必要な項目にチェックを入れ、「ダウンロードする」をクリックします。

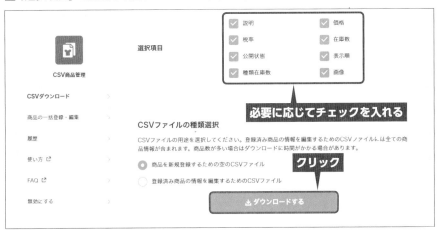

# サンプルデータをもとに商品登録用データを作成しよう

サンプルデータをダウンロードしたら、内容を編集し、商品登録用データを作成しましょう。

**1** sample.csvデータを開き、何の情報をどのセルに入力するかを確認します。

| | A | B | C | D | E | F | G | H | I | J | K | L | M |
|---|---|---|---|---|---|---|---|---|---|---|---|---|---|
| 1 | 商品ID | 商品名 | 種類ID | 種類名 | 説明 | 価格 | 税率 | 在庫数 | 公開状態 | 表示順 | 種類在庫 | 画像1 | 画像2 |
| 2 | | | | | | | | | | | | | |
| 3 | | | | | | | | | | | | | |
| 4 | | | | | | | | | | | | | |
| 5 | | | | | | | | | | | | | |
| 6 | | | | | | | | | | | | | |
| 7 | | | | | | | | | | | | | |
| 8 | | | | | | | | | | | | | |
| 9 | | | | | | | | | | | | | |
| 10 | | | | | | | | | | | | | |
| 11 | | | | | | | | | | | | | |
| 12 | | | | | | | | | | | | | |
| 13 | | | | | | | | | | | | | |
| 14 | | | | | | | | | | | | | |
| 15 | | | | | | | | | | | | | |
| 16 | | | | | | | | | | | | | |
| 17 | | | | | | | | | | | | | |
| 18 | | | | | | | | | | | | | |
| 19 | | | | | | | | | | | | | |

**2** 「商品名」「説明」「価格」「在庫数」「公開状態」は最低限入力しましょう。「画像1」～「画像20」については、あとで再度書き換えますので、ひとまず空欄にしておきます。書き換えが完了したら、CSV形式のまま保存してください。

| | A | B | C | D | E | F | G | H | I | J | K | L | M |
|---|---|---|---|---|---|---|---|---|---|---|---|---|---|
| 1 | 商品ID | 商品名 | 種類ID | 種類名 | 説明 | 価格 | 税率 | 在庫数 | 公開状態 | 表示順 | 種類在庫 | 画像1 | 画像2 |
| 2 | | レッドシャツ | | | あざやかな | 2500 | | 30 | 1 | 1 | | | |
| 3 | | ピンクシャツ | | | ピンクがか | 2500 | | 15 | 1 | 2 | | | |
| 4 | | 水色シャツ | | | 誰にでも似 | 2500 | | 15 | 1 | 3 | | | |
| 5 | | ブラックシャツ | | | とっても黒 | 3500 | | 10 | 1 | 4 | | | |
| 6 | | 渋い緑のシャツ | | | 渋い緑色の | 3000 | | 30 | 1 | 5 | | | |
| 7 | | | | | | | | | | | | | |
| 8 | | | | | | | | | | | | | |
| 9 | | | | | | | | | | | | | |
| 10 | | | | | | | | | | | | | |
| 11 | | | | | | | | | | | | | |
| 12 | | | | | | | | | | | | | |
| 13 | | | | | | | | | | | | | |
| 14 | | | | | | | | | | | | | |
| 15 | | | | | | | | | | | | | |
| 16 | | | | | | | | | | | | | |
| 17 | | | | | | | | | | | | | |

---

**ヒント** 「公開状態」「表示順」の設定について

「公開状態」は「1」にすると公開、「0」にすると非公開の商品として登録されます。
「表示順」は、「1」を一番上として、そこから順に「2」「3」…と設定します。

## 商品画像を準備しよう

　次に、商品写真を用意します。画像のファイル名に日本語を使っていると、BASEに取り込んだときにエラーが出ます。必ず半角の「アルファベット」「数字」「_」(アンダーバー) のみを使って名前をつけるようにしましょう。

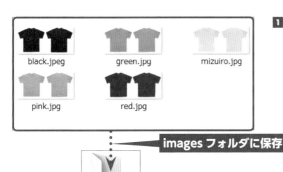

images フォルダに保存

**1** 「images」というフォルダを作成し、一括登録をしたい商品画像をまとめて、「images」フォルダに保存します。

「送る」→「圧縮 (zip 形式) フォルダー」を選択

**2** 画像を保存した「images」フォルダを右クリックし、zip形式で圧縮します。この時、圧縮後のファイルサイズが1GB未満になるようにします。

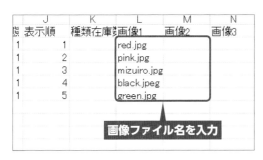

画像ファイル名を入力

**3** 画像ファイルの用意ができたら、再びCSVデータを開き、「画像1」「画像2」…の欄に該当する画像ファイルの名前を入力していきます。入力が終わったら、CSV形式のまま上書き保存します。

221

# BASEにインポートしよう

CSVファイルと画像ファイルが準備できたら、BASEへインポートしましょう。

**1** 上部メニューの「ホーム」をクリックします。画面をスクロールし、「利用中の Apps」の「CSV商品管理」のアイコンをクリックします。

**2** 「CSV商品管理」の画面が表示されます。左サイドバーの「商品の一括登録・編集」を クリックします。

**3** CSVファイル、zip形式の画像フォルダを、それぞれの項目にドラッグ&ドロップし ます。

**4** 「アップロード」をクリックします。

「予約」と表示される

**5** ステータスが「予約」の状態になったら、少し時間をおいてからページを再読み込みします。

「完了」と表示される

**6** ステータスに「完了」と表示されたら、登録は終了です。「エラー」と表示される場合は、ファイル名に日本語を使っていないか、画像zipファイルが1GB以上になっていないかなどを確認し、再度アップロードしてみましょう。

クリック

**7** 上部メニューの「デザイン」をクリックします。

一括登録した商品が
表示された

**8** 商品が正しく登録されているかを確認しましょう。

223

# 08 期間限定セールを 開催しよう

季節の商品を販売する、あるいは時期を区切って売り切ってしまいたいなど といったときに使えるのが「セール」の機能です。指定した商品のみに割引を 適用したり、日時を指定して公開することもできます。

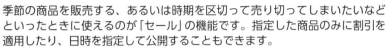

## 期間限定セールや日時指定の公開

BASEには、指定の商品にセール価格を設定したり、期間限定販売の設定をすること ができるAppsがあります。以下の手順で設定してみましょう。

**1** 上部のメニューバーの「Apps」をクリックします。

**2** Appsの画面が表示されます。「キーワード」に「セール」と入力し、「検索」をクリッ クします。

**3**「セール」のボタンが表示されるので、これをクリックします。

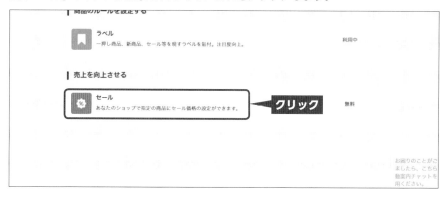

**4** Appsの説明画面が表示されます。「インストール」をクリックします。

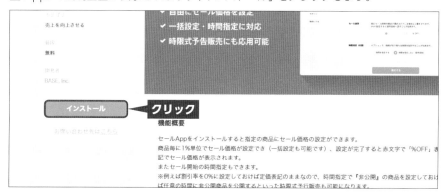

**5** セールの設定画面が表示されます。「商品を追加する」をクリックします。

**6** 登録した商品の一覧が表示されます。セールに指定したい商品にチェックを入れて、「商品を追加」をクリックします。

**7** 「セール設定」で、割引率を設定します。丸いボタンを左右にドラッグすると、割引率が変わります。

---

**ヒント** **割引率の反映**

ここで設定した割引率が、画面上部の商品価格に反映されます。赤字で表示されているのが、セールを適用した価格です。

---

**8** セール期間を設定します。「時間指定（任意）」で、「時間を指定する」をクリックします。

⑨ セール期間の開始と終了の日時を設定する画面が表示されます。それぞれの日時を設定します。設定が完了したら、「設定する」をクリックします。

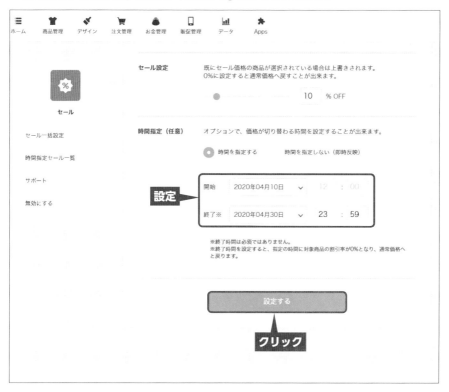

## Point 終了時間は何時にすればよい？

セールの画面で終了日時を設定しておくと、その日時に自動的にセールが終了し、割引価格から通常価格に戻ります。その終了のタイミングですが、さまざまなネット上のキャンペーンが「○○月○○日 23時59分」と設定されているのをよく見かけます。時間指定に迷ったら「終了は23時59分」にするとよいでしょう。

# 09 配送日を設定できるようにしよう

BASEには、商品を受け取る日をお客様側で指定できる、「配送日設定」という機能が用意されています。記念日のギフトや要冷蔵商品を配送するときに便利です。

## 配送日を指定する機能を設定する

BASEには、お客様の方で配送日を指定できる「配送日設定」の機能があります。以下の手順で設定してみましょう。

**1** 上部のメニューバーの「Apps」をクリックします。

**2** Appsの画面が表示されます。「キーワード」に「配送日」と入力し、「検索」をクリックします。

**3** 「配送日設定」のボタンが表示されるので、これをクリックします。

**4** Appsの説明画面が表示されます。「インストール」をクリックします。

## ヒント　予約販売が適用できないものも

配送日の設定は、デジタルコンテンツ、定期便、Tシャツ、スマホケースには適用できません。また、予約販売商品は、「予約販売」Appsで設定している発送予定日が優先されます。

**5** 「お届け可能日」の設定をします。注文日から、最長30日まで選択できます。

**6** 定休日と臨時休業日を設定します。臨時休業日は、月ごとに設定します。あらかじめ
わかっている休業日があれば、早めに設定しておきましょう。

**7** 配送時間の設定をします。「ヤマト宅急便」「佐川急便」「ゆうパック」から選択するか、
「その他」を選びます。

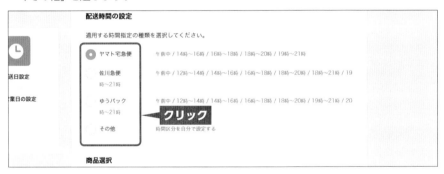

**8** 「その他」を選択した場合は、手動で「配送時間」を登録していきます。

**9** 必要に応じて、ここまでに設定したルールから除外する商品を設定します。「適用しない商品を選択する」をクリックします。

**10** 商品一覧が表示されます。除外する商品をクリックし「不適用」にして、「OK」をクリックします。

**11** 設定が完了したら、「保存する」をクリックします。

# 10 レビュー機能を追加しよう

★★★ ネットショップでお客様がよく閲覧するのが「ユーザーレビュー」です。BASE
のAppsを使えば、かんたんに導入することができます。ショップの運営に慣
れてきたら、導入してみましょう。

 ## ユーザーレビューの機能を設定しよう

　商品を買おうか買うまいか迷っているときに、お客様が必ず参考にするのが「レ
ビュー」です。レビューは、商品の購入者が感想を書き込める機能のことで、感想が集
まれば、お客様の信頼度向上にもつながります。以下の手順で追加してみましょう。

**1** 上部のメニューバーの「Apps」をクリックします。

**2** Appsの画面が表示されます。「キーワード」に「レビュー」と入力し、「検索」をク
リックします。

**3** 「レビュー」のボタンが表示されるので、これをクリックします。

**4** Apps の説明画面が表示されます。「インストール」をクリックします。

**5** インストールが完了しました。これで、レビュー機能が追加されました。

---

ヒント **ショップレビューの表示は商品ページで確認しよう**

レビュー機能を追加すると、商品紹介ページの下方に、「ショップの評価」という項目が表示されます。購入者が評価を入力すると、このエリアに反映されます。

| ショップの評価 | | |
|---|---|---|
| すべて | 😊 0 | 😞 0 | 😠 0 |

# メッセージ機能を追加しよう

BASEの「メッセージ機能」を設置すると、ネットショップのページ右下に吹き
出しアイコンが表示されます。お客様からの質問などを、チャットでやり取
りすることができます。

## メッセージ機能で購入前のお客様に接客する

　購入前に不安があるお客様とチャットを通してやり取りできるのが「メッセージ」機
能です。リアルタイムで文字の会話ができる他、ショップ側が不在のときは、あとから
メールで返信することもできます。

**1** 上部のメニューバーの「Apps」をクリックします。

**2** Appsの画面が表示されます。「キーワード」に「メッセージ」と入力し、「検索」をク
リックします。

**3** 「メッセージ」のボタンが表示されるので、これをクリックします。

**4** Appsの説明画面が表示されます。「インストール」をクリックします。

**5** 「ひとことメッセージの設定」画面が表示されます。お客様がメッセージアイコンを
クリックした時に、最初に表示される文言を変更することができます。そのままでも
OKです。変更したら、「設定する」をクリックします。

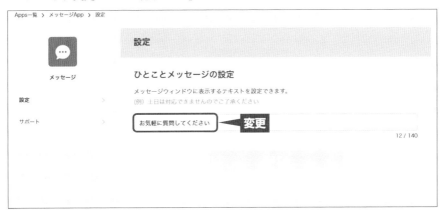

## お客様側から見たメッセージ機能

　メッセージ機能を導入したあと、実際にお客様がどのように使うのか、どのようにやり取りを行うかの流れをつかんでおきましょう。

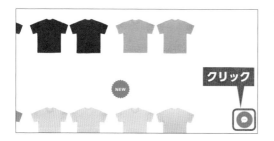

1 お客様が右下のメッセージアイコンをクリックします。

2 チャットウィンドウが開きます。ここに質問やメッセージを書き込み、「送信」をクリックします。

3 ショップの担当者が不在だった場合は、あとから返信を受け取れるよう、お客様の側でメールかSMS、いずれかのアドレスを入力し、「完了」をクリックします。

**4** ショップ側にメッセージが届くと、右上の吹き出しアイコンに赤い数字が表示されます。このアイコンをクリックします。

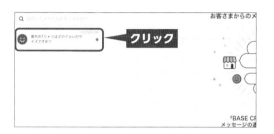

**5** メッセージ一覧が左側に表示されるので、クリックします。

**6** 返信内容を入力し、「送信」をクリックします。

**7** 質問したお客様がまだメッセージウィンドウを開いていれば、リアルタイムでショップ側の返信が表示されます。お客様がメッセージウインドウを閉じてしまっている場合は、前ページの**3**で登録してもらったSMSかメールアドレスに、返信した内容が届きます。

# 12 英語・外貨に対応しよう

BASEには、ショップに英語や外貨の表記ができる機能があります。ネット
ショップの商品を国内の外国人に見てほしい、あるいは海外へ販売したいと
きは導入しましょう。

## 英語・外貨のAppsで海外のお客様にも対応を

英語・外貨のAppsを使って、ネットショップを海外のお客様向け仕様にしてみま
しょう。日本語と切り替えることもできます。

**1** 上部のメニューバーの「Apps」をクリックします。

**2** Appsの画面が表示されます。「キーワード」に「英語」と入力し、「検索」をクリック
します。

**3** 「英語・外貨対応」のボタンが表示されるので、これをクリックします。

**4** Appsの説明画面が表示されます。「インストール」をクリックします。

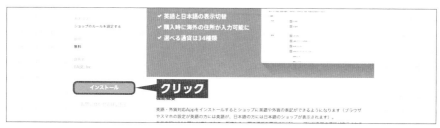

**5** 設定画面が表示されます。言語は「日本語」「English」、通貨は「JPY (円)」「USD (ア メリカ合衆国ドル)」にあらかじめチェックが入っています。必要に応じて、それ以 外の通貨も追加していきます。

**6** 設定が終わったら、「保存」をクリックして終了します。

# 13 Googleアナリティクスを設置しよう

BASEには、Googleアナリティクスを設置する機能があります。中〜上級向けの内容になりますが、ネットショップへのアクセスについて詳細な分析をしたい方はチャレンジしてみてください。

## Googleアナリティクスって何？

　Googleアナリティクスは、Google社が提供する無料のアクセス解析ツールです。ホームページが何ページ表示されたか、何人の人が訪れたか、どのページが人気があるかなどがわかります。BASEにも簡易的なアクセス解析ツールはついていますが、より詳しく分析したいときには、Googleアナリティクスがおすすめです。

　BASEでGoogleアナリティクスを利用するには、あらかじめ「Google AnalyticsのトラッキングID」を取得しておく必要があります。以下のページにアクセスし、画面の指示に従ってトラッキングIDを発行してください。トラッキングIDは、「UA-000000-0」のような文字列です。

https://analytics.google.com/analytics/web/#/

▲ Google アナリティクスのログイン画面

# Google Analytics 設定 App をインストールする

　GoogleアナリティクスでトラッキングIDを発行したら、次にBASE側の設定を行います。

**1** 上部のメニューバーの「Apps」をクリックします。

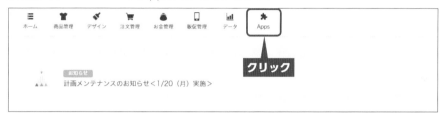

**2** Appsの画面が表示されます。「キーワード」に「アナリティクス」と入力し、「検索」をクリックします。

**3** 「Google Analytics 設定」のボタンが表示されるので、これをクリックします。

**4** Appsの説明画面が表示されます。「インストール」をクリックします。

**5** 設定画面が表示されます。GoogleアナリティクスのトラッキングIDを入力します。入力が完了したら「保存する」をクリックします。

## Point 24時間ほど待ってから分析結果を確認しよう

Googleアナリティクスを設置しても、すぐに解析が始まるわけではありません。少し時間がたってから数字が表示されるようになります。24時間ほど待ってから確認してみましょう。

## アクセス解析の結果を確認する

アクセス状況を分析した結果は、BASEではなく、Googleアナリティクスにログインして確認します。再度、https://analytics.google.com/analytics/web/#/へアクセスし、確認してみましょう。

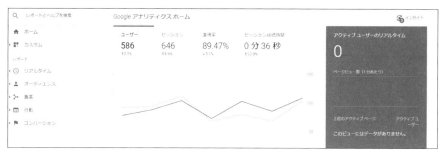

▲ Google アナリティクスの画面① 「ホーム」

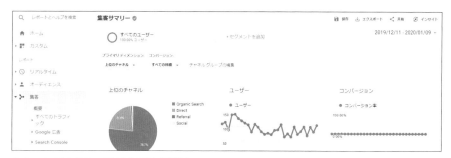

▲ Google アナリティクスの画面② 「集客」

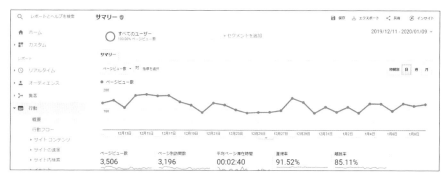

▲ Google アナリティクスの画面③ 「行動」

# 14 独自ドメインを設定しよう

BASEには、独自ドメインを設定する機能があります。中〜上級者向けの内容になりますが、ブランディングの向上や覚えやすさを優先するのであれば、ぜひトライしてみてください。

##  独自ドメインって何？

BASEを登録した時点で、ショップのURLは「xxxxxxxxx.thebase.in」といった文字列になっています。「xxxxxxxxx」は自分で決めた文字列、「thebase.in」はBASE側が決めた文字列です。「thebase.in」の他にも、BASE側で用意した候補があります。

このままのURLで運営していくこともできますが、例えば「shikama.net」や「gihyo.jp」のように屋号やショップ名を入れた、短くて覚えやすい文字列に変更することもできます。このように、あとから取得する文字列を「独自ドメイン」といいます。

独自ドメインには、覚えやすく、かつ店名が入ることでブランディングの強化につながるというメリットがあります。しかし独自ドメインを導入するには、事前に押さえておきたいポイントが3つあります。

**①ドメイン販売サービス別途、独自ドメインを取得しておく必要がある**
**②取得したドメインについて、いくつかの設定をしておく必要がある**
**③有料である（年間1,000〜5,000円程度／1ドメインにつき）**

ドメインを販売しているサービスには、以下のようなものがあります。いずれもオンラインでドメインを取得できます。クレジットカードがあれば、その日のうちに契約完了も可能です。

### ●ムームードメイン
https://muumuu-domain.com/

### ●お名前com
https://www.onamae.com/

# 独自ドメインを取得・購入しよう

　ここでは、ムームードメインを例にした独自ドメインの取得方法をかんたんに紹介します。まずはムームードメインにアクセスし、画面の指示に従って、ドメイン取得と購入の手続きをすませましょう。

▲使用したいドメインを入力して検索する

▲使用したいドメインをカートに追加する

▲「お申し込みへ」をクリックして手続きを行う

# サブドメインの「CNAME」を設定しよう

　ドメイン取得が完了したら、ムームードメインの管理画面で、「CNAME」の設定を
行います。

**1** ムームードメインの管理画面にログインし、「ドメイン操作」→「ムームーDNS」の
順にクリックします。取得したドメインの横にある「利用する」をクリックします。

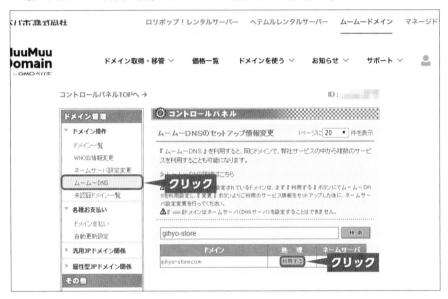

**2** 「ムームーDNSのセットアップ情報変更」の画面が表示されるので、「カスタム設定」
をクリックします。

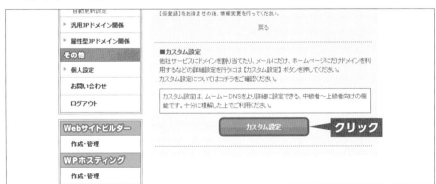

**3**「カスタム設定のセットアップ情報変更」の画面が表示されます。

**4**「設定2」の項目で以下の内容を入力し、「セットアップ情報変更」をクリックします。「カスタム設定のセットアップ情報確認」という画面が表示されたらOKです。

- サブドメイン：www
- 種別：CNAME
- 内容：cname.thebase.in

# BASE側に独自ドメインを設定しよう

ドメインの設定が完了したら、次はBASE側の設定を行います。以下の手順で進めましょう。

**1** BASEの管理画面にログインし、上部のメニューバーの「Apps」をクリックします。

**2** Appsの画面が表示されます。「キーワード」に「ドメイン」と入力し、「検索」をクリックします。

**3** 「独自ドメイン」のボタンが表示されるので、これをクリックします。

**4** 説明画面が表示されます。「インストール」をクリックします。

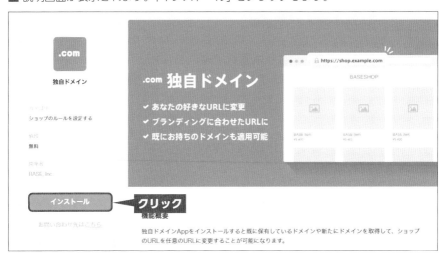

**5** 「独自ドメイン」の画面が表示されます。「ドメイン名」に、さきほど取得したドメイン名を入力します。入力が完了したら「保存する」をクリックします。

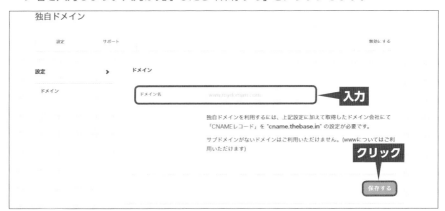

---

**Point** **ドメインの反映には時間がかかる**

独自ドメインの設定が完了しても、実際に反映されるまでに時間がかかります（1〜3日程度）。何日か待ってから、独自ドメインで表示されるかどうか確認してみましょう。

# 15 まだまだある！Appsの機能

ここまで、代表的なBASEのApps機能について解説してきましたが、Appsにはまだまだ多くの種類があります。必要に応じて機能を追加していきましょう。

## 押さえておきたいBASEのApps一覧

BASEの「Apps」の画面では、利用できるAppsを一覧で確認することができます。「ショップのルールを設定する」「商品のルールを設定する」「ショップをデザインする」「商品を準備・作成する」「お客様を集める」「売上を向上させる」」「ショップの課題を分析する」「ショップ運営を効率化する」「お金を管理する」「その他」のジャンルに分かれて表示されます。必要に応じて追加し、どんどんパワーアップしていきましょう。

### 🔍 ショップのルールを設定する

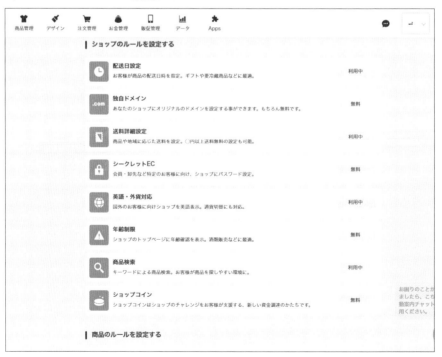

## 🔍 商品のルールを設定する

| 商品のルールを設定する | | |
|---|---|---|
| **カテゴリ管理**<br>商品カテゴリを管理しお客様が特定商品に辿り着きやすいようナビ。 | | 利用中 |
| **デジタルコンテンツ販売**<br>資料や写真集、動画、音楽などのデジタルデータが販売可能に。 | | 無料 |
| **数量制限**<br>1回あたりの購入数を制限。限定品や人気品等の制限に効果的。 | | 無料 |
| **ラベル**<br>一押し商品、新商品、セール等を現すラベルを貼付。注目度向上。 | | 利用中 |

## 🔍 ショップをデザインする／商品を準備・作成する

| ショップをデザインする | | |
|---|---|---|
| **BASEロゴ非表示**<br>あなたのショップを本格的な自社ECに！ | | ¥ 500 |
| **ショップロゴ作成**<br>多数のフォントを使ってショップのオリジナルのロゴを簡単。 | | 無料 |
| **HTML編集**<br>ショップのデザインに関するHTMLとCSSを直接編集。 | | 無料 |

**商品を準備・作成する**

## 🔍 お客様を集める

| お客様を集める | | |
|---|---|---|
| **SEO設定**<br>「検索キーワード」と「説明文」を設定して検索エンジン対策。 | | 無料 |
| **Blog**<br>ネットショップの売上アップに有効なブログを簡単に作成して、公開をすることができます。 | | 無料 |
| **BASEライブ**<br>ライブ配信を通じて商品の売買はもちろん、質疑応答や製作風景をお客様に伝えることができます。 | | 無料 |
| **おとりよせネット**<br>お取り寄せ情報サイト「おとりよせネット」への1品無料掲載！ | | 無料 |
| **プレスリリース配信 by ValuePress!** | | 無料 |

**BASEを活用したネットショップの事例**

実際にBASEを使ってネットショップを運営しているサイトを紹介します。デザイン、見せ方、カテゴリの作り方、商品写真など、参考になる要素がたくさん詰まっています。

**オーダーメイド絵本販売「ケロプランニング」**

オーダーメイドの絵本を販売しているケロプランニングのネットショップです。商品の紹介ページはJimdo（ジンドゥー）で運営し、購入・決済ページはBASEとうまく使い分けている事例です。BASEの有料テンプレートを使用し、爽やかなグリーンを基調にカスタマイズ。とてもきれいに作られています。

https://keroplanning.thebase.in/（BASEサイト）
https://www.keropla.com/　（Jimdoサイト）

**あー☆さんの北海道野菜・産直便り**

北海道栗山町で、地元の新鮮な野菜を通信販売しているあー☆さんのネットショップです。自宅で民泊を運営しながら、「主婦歴40年以上の眼力で選んだ美味しい北海道野菜を皆様の食卓へ」のコンセプトで運営されています。

https://yasaishop.thebase.in/

# 索引

カバーデザイン○菊池祐（株式会社ライラック）
レイアウト・本文デザイン・本文イラスト○リンクアップ
編集○大和田洋平
技術評論社 Web ページ○ https://book.gihyo.jp/116

■問い合わせについて
本書の内容に関するご質問は、下記の宛先まで FAX または書面にてお送りください。なお電話によるご質問、および本書に記載されている内容以外の事柄に関するご質問にはお答えできかねます。あらかじめご了承ください。

〒 162-0846
新宿区市谷左内町 21-13
株式会社技術評論社　書籍編集部
「無料で始めるネットショップ　作成＆運営＆集客がぜんぶわかる！」質問係
FAX 番号　03-3513-6167

なお、ご質問の際に記載いただいた個人情報は、ご質問の返答以外の目的には使用いたしません。また、ご質問の返答後は速やかに破棄させていただきます。

# 無料で始めるネットショップ
# 作成＆運営＆集客がぜんぶわかる！

2020 年　7 月　4 日　初版　第 1 刷発行
2021 年　1 月 29 日　初版　第 2 刷発行

| | |
|---|---|
| 著者 | 志鎌　真奈美 |
| 発行者 | 片岡　巌 |
| 発行所 | 株式会社技術評論社 |
| | 東京都新宿区市谷左内町 21-13 |
| | 電話：03-3513-6150　販売促進部 |
| | 　　　03-3513-6160　書籍編集部 |
| 印刷／製本 | 日経印刷株式会社 |

定価はカバーに表示してあります。

造本には細心の注意を払っておりますが、万一、乱丁（ページの乱れ）や落丁（ページの抜け）がございましたら、小社販売促進部までお送りください。送料小社負担にてお取り替えいたします。

ISBN978-4-297-11375-9 C3055

Printed in Japan